THÉORIE

DE

L'ÉCOULEMENT TOURBILLONNANT ET TUMULTUEUX DES LIQUIDES

DANS LES LITS RECTILIGNES A GRANDE SECTION.

Second Mémoire : ÉTUDE DES RÉGIMES GRADUELLEMENT VARIÉS.

PAR M. J. BOUSSINESQ,

MEMBRE DE L'INSTITUT.

PARIS,

GAUTHIER-VILLARS ET FILS, IMPRIMEURS-LIBRAIRES

DES COMPTES RENDUS DES SÉANCES DE L'ACADÉMIE DES SCIENCES,

Quai des Grands-Augustins, 55.

1897

THÉORIE

DE

L'ÉCOULEMENT TOURBILLONNANT ET TUMULTUEUX DES LIQUIDES

DANS LES LITS RECTILIGNES A GRANDE SECTION

ÉTUDE DES RÉGIMES GRADUELLEMENT VARIÉS

24963 PARIS. — IMPRIMERIE GAUTHIER-VILLARS ET FILS.
Quai des Augustins, 55.

THÉORIE

DE

L'ÉCOULEMENT TOURBILLONNANT ET TUMULTUEUX DES LIQUIDES

DANS LES LITS RECTILIGNES A GRANDE SECTION.

Second Mémoire : ÉTUDE DES RÉGIMES GRADUELLEMENT VARIÉS.

PAR M. J. BOUSSINESQ,

MEMBRE DE L'INSTITUT.

PARIS,

GAUTHIER-VILLARS ET FILS, IMPRIMEURS-LIBRAIRES

DES COMPTES RENDUS DES SÉANCES DE L'ACADÉMIE DES SCIENCES,

Quai des Grands-Augustins, 55.

1897

THÉORIE

DE

L'ÉCOULEMENT TOURBILLONNANT ET TUMULTUEUX DES LIQUIDES

DANS LES LITS RECTILIGNES A GRANDE SECTION.

ÉTUDE DES RÉGIMES GRADUELLEMENT VARIÉS (¹).

§ I. — Objet de ce deuxième Mémoire.

« **1.** La publication, par M. Bazin, de ses *Expériences sur la distribution des vitesses dans les tuyaux* (²), fournit en ce moment aux hydrauliciens les premières données précises, acquises à la Science, touchant l'établissement du régime uniforme à l'entrée et dans la première partie amont des lits cylindriques allongés où ce régime existe. En effet, dans ces expériences, faites sur un tuyau en ciment lissé de 80^{cm} de diamètre et 80^{m} de longueur, le mesurage des vitesses des filets fluides, à travers les trois sections situées au quart, au milieu et aux trois quarts de la longueur, a permis de reconnaître que ces vitesses u étaient pareilles aux points homologues sur les

(¹) Ce Mémoire fait suite à celui que j'ai publié l'année dernière sous le titre : *Théorie de l'écoulement tourbillonnant et tumultueux des liquides dans les lits rectilignes à grande section*, et qui était presque entièrement consacré au *régime uniforme*.

(²) *Mémoires présentés par divers savants à l'Académie des Sciences de l'Institut de France*, t. XXXII, nº 6; voir la page 14 du Mémoire.

deux dernières sections, entre lesquelles régnait par conséquent l'uniformité du régime, mais qu'elles étaient notablement moins inégales, du centre au contour, sur la première. Dans celle-ci, leur rapport à la vitesse moyenne U, aux distances r de l'axe exprimées par les fractions suivantes du rayon R,

$$\frac{r}{R}=0, \quad \frac{1}{4}, \quad \frac{3}{8}, \quad \frac{1}{2}, \quad \frac{5}{8}, \quad \frac{3}{4}, \quad \frac{5}{6}, \quad \frac{7}{8}, \quad \frac{11}{12}, \quad 1,$$

avait respectivement les valeurs

$$\frac{u}{U}=1{,}1265,\ 1{,}1190,\ 1{,}1065,\ 1{,}0970,\ 1{,}0835,\ 1{,}0570,\ 1{,}0120,\ 0{,}9395,\ 0{,}8600,\ 0{,}7500,$$

tandis que, plus en aval, dans la seconde moitié du tuyau, ce rapport était (en moyenne, avec des écarts de sens divers, pouvant aller, entre les deux sections considérées de cette moitié, jusqu'à 0,0125) :

$$\frac{u}{U}=1{,}1675,\ 1{,}1605,\ 1{,}1475,\ 1{,}1358,\ 1{,}0923,\ 1{,}0473,\ 1{,}0008,\ 0{,}9220,\ 0{,}8465,\ 0{,}7415.$$

» L'uniformité emploie donc à s'établir une assez grande longueur, supérieure, comme on voit, à cinquante fois le rayon, dans le cas d'un tuyau circulaire à parois polies, puisque les vitesses n'y étaient pas réglées après un parcours de vingt-cinq diamètres ; et il y a lieu d'étudier le régime graduellement varié qui règne, sur cette longueur, entre la première section amont où les filets fluides, ayant terminé leur rapide épanouissement consécutif à la contraction de l'entrée, sont désormais presque parallèles, sans courbure sensible, mais encore beaucoup trop rapides près de la paroi, beaucoup trop lents sur l'axe pour se conserver tels, et la section, relativement très distante, où même le filet le plus central a pris enfin toute sa vitesse, après s'être accéléré jusque-là à mesure que se ralentissait le fluide extérieur plus retenu par la paroi.

» Tel est le genre de régime graduellement varié, non considéré jusqu'ici dans les grandes sections ou dans les mouvements tourbillonnants, qui fera le principal objet de la présente étude. Toutefois, je rattacherai cette étude à la théorie générale, que je reprendrai d'abord, des autres modes d'écoulement graduellement variés, permanents ou non permanents, bien plus fréquents dans les cours d'eau découverts : savoir, de ceux où il se produit soit d'un point à l'autre de la longueur, soit sur place, des changements de section fluide et de vitesse moyenne, assez bien amenés pour laisser subsister partout, avec quelque approximation, la distribution des vitesses caractéristique du régime uniforme, altérée seulement dans une mesure comparable à ces changements eux-mêmes. Leur théorie, très facilitée par l'emploi immédiat, qu'elle comporte, de la méthode des approximations successives à partir des formules du régime uniforme, a été indiquée, il est vrai, dès 1871 ([1]) et publiée *in extenso* dans un Mémoire de l'année suivante 1872 ([2]); mais je lui ai trouvé depuis des simplifications et des compléments qui permettent d'en abréger beaucoup et d'en mieux synthétiser l'exposition.

§ II. — Équations fondamentales de l'écoulement graduellement varié.

» **2.** J'ai déjà donné la définition et les équations fondamentales des régimes graduellement variés, dans mon étude de l'année dernière sur l'écoulement tourbillonnant et tumultueux ([3]). Les composantes transversales v, w de la vitesse moyenne locale V y sont assez petites, ainsi que les dérivées, par rapport à l'abscisse x ou au temps t, soit de la composante longitudinale u, soit de la section normale fluide σ, soit de la vitesse moyenne de débit U à travers cette section, pour que les produits de toutes ces quantités, entre elles ou par le petit coefficient ε du frottement intérieur, soient négligeables dans les équations du mouvement. De plus, les dérivées successives en x ou t des mêmes petites quantités sont d'ordres de grandeur de moins en moins sensibles, en sorte que l'on doit n'en tenir compte qu'à des degrés d'approximation de plus en plus élevés; et même la dérivée de ε en x, comparable au produit de ε par certaines des petites dérivées précédentes, peut être supposée nulle.

» **3.** Cela posé, les deux équations indéfinies du mouvement, où figurent les deux très petites accélérations latérales v', w', se trouveront

---

([1]) *Comptes rendus*, t. LXXIII, p. 34 et 101; 3 et 10 juillet 1871.

([2]) *Essai sur la théorie des eaux courantes*, aux t. XXIII et XXIV du *Recueil des savants étrangers* ou des *Mémoires présentés* etc., §§ VI, IX, X, XI, XII, XXVI, XXXVI. Voir surtout le § XL, rédigé en 1873, et, au Tome XXIV, une *Addition*, p. 59.

([3]) *Comptes rendus*, 22 et 29 juin 1896; t. CXXII, p. 1449 et 1517, ou n° 20, p. 17, du précédent Mémoire consacré surtout au régime uniforme et intitulé : *Théorie de l'écoulement tourbillonnant et tumultueux des liquides dans les lits rectilignes à grande section*.

débarrassées, comme on a vu par mon étude de l'année dernière ([1]), des termes en z; et elles exprimeront que la pression moyenne p varie, à l'intérieur de chaque section σ *normale* à l'axe des x, comme dans un fluide sans frottements, sa différentielle suivant un petit chemin $\sqrt{dy^2+dz^2}$ y égalant sa valeur statique moins le produit $\rho(v'\,dy + w'\,dz)$.

» Celui-ci, par unité de longueur du chemin suivi, est, comme v' et w', du second ordre de petitesse; on pourra donc, à peu près toujours, le négliger. Mais sa présence dans l'expression de dp entraîne évidemment la condition d'intégrabilité

$$(1) \qquad \frac{dv'}{dz} - \frac{dw'}{dy} = 0.$$

» Ce sera une des équations indéfinies du problème; et il faudra, par conséquent, malgré l'extrême petitesse de ses termes, y avoir recours, sauf dans les deux cas simples de sections rectangulaires d'une grande largeur constante et de sections circulaires, où d'évidentes considérations de symétrie en tiendront lieu. Elle servira à déterminer les petites composantes transversales v, w de la vitesse, concurremment avec la condition de continuité ou de conservation des volumes fluides

$$(2) \qquad \frac{dv}{dy} + \frac{dw}{dz} = -\frac{du}{dx}.$$

» 4. L'expression de p, ainsi formée pour l'époque actuelle t et à partir de l'*axe hydraulique* actuel où elle est appelée p_0, c'est-à-dire à partir du point où cet axe perce la section σ comprenant le point considéré (x, y, z), aura donc la partie *non hydrostatique* $-\int \rho(v'\,dy + w'\,dz)$, due aux forces centrifuges du fluide ($-\rho v'$, $-\rho w'$ par unité de volume) au moins dans la mesure où la vitesse V est normale au plan des yz ou de σ. Mais cette partie sera du second ordre de petitesse, et, dans la dérivée de p en x figurant au premier membre de l'équation indéfinie en u', elle ne fournira, par suite, que des termes du troisième ordre, négligeables, même quand on poussera jusqu'à la seconde approximation le calcul du régime graduellement varié. L'équation indéfinie principale de ce régime sera donc la relation (23) de ma Note du 29 juin 1896 ([2]), ou, par suite, en prenant comme variables η, ζ les coordonnées homologues de y, z dans

---

([1]) *Comptes rendus*, t. CXXII, p. 1520, ou n° 27, p. 23, du précédent Mémoire.

([2]) *Comptes rendus*, t. CXXII, p. 1521, ou bien p. 24 du Mémoire précédent.

une section semblable à σ, mais de rayon moyen 1, la formule (25) de la même Note, savoir

$$(3)\quad \frac{d}{d\eta}\left[F(\eta,\zeta)\frac{d\frac{u}{u_0}}{d\eta}\right]+\frac{d}{d\zeta}\left[F(\eta,\zeta)\frac{d\frac{u}{u_0}}{d\zeta}\right]+\frac{k}{\sqrt{B_0}}\frac{\sigma}{\chi}\frac{I}{u_0^2}=\frac{k}{\sqrt{B_0}}\frac{\sigma}{\chi}\frac{u'}{g u_0^2}.$$

» Dans cette formule, I désigne la *pente motrice* actuelle, $F(\eta,\zeta)$ une fonction censée donnée pour chaque forme de la section et u_0 la vitesse u sur une génératrice convenue du fond, par exemple, sur la génératrice équidistante des deux bords. Il s'y joint la condition (26) spéciale au contour de σ et qui est

$$(4)\qquad \text{(sur le contour)}\quad F(\eta,\zeta)\frac{d\frac{u}{u_0}}{ds}=-k\sqrt{B_0}\,f(\eta,\zeta),$$

ds désignant toujours une petite normale menée au contour dans la section de rayon moyen 1, à partir de chaque point intérieur (η,ζ) infiniment voisin, et $f(\eta,\zeta)$ une fonction donnée sur tout le contour, généralement peu différente de 1 le long du *contour mouillé* χ, mais *nulle* aux surfaces *libres*.

» On a vu d'ailleurs qu'il résulte de ces deux équations, pour déterminer la vitesse u_0 au milieu du fond, la formule notée (27), qui, en appelant $\mathfrak{M}f$ la moyenne des valeurs de $f(\eta,\zeta)$ le long du contour mouillé χ et, finalement, $\mathfrak{M}u'$ la valeur moyenne de u' sur toute l'aire σ, est

$$(5)\qquad B_0 u_0^2\,\mathfrak{M}f=\frac{\sigma}{\chi}\left(I-\int_\sigma\frac{u'}{g}\frac{d\sigma}{\sigma}\right)=\frac{\sigma}{\chi}\left(I-\frac{\mathfrak{M}u'}{g}\right).$$

» 5. Enfin, il a été démontré au même endroit : d'une part, que ces équations sont indépendantes du choix des axes rectangles des y et des z dans un plan parallèle à la section σ; d'autre part, qu'elles déterminent complètement les vitesses u à travers celle-ci, dès qu'on y donne la pente motrice actuelle I et, en chaque point (y,z) ou (η,ζ), l'accélération longitudinale actuelle u'. Or cette dernière peut s'évaluer, sauf erreur de l'ordre des carrés ou produits qu'on néglige, en remplaçant la vitesse *longitudinale* u par la vitesse *totale* $V=\sqrt{u^2+v^2+w^2}$, ou en prenant ainsi l'*accélération tangentielle*, dérivée *complète* par rapport au temps (c'est-à-dire pour une même particule suivie dans son mouvement moyen local) de la vitesse V; et l'on voit alors qu'elle est tout aussi indépendante des axes coordonnés que la pente motrice elle-même,

$$\text{(6)} \qquad I = -\frac{d}{ds}\left(\varepsilon_0 + \frac{p_0}{\rho g}\right),$$

où ε_0 est l'*altitude* et p_0 la pression moyenne sur l'*axe hydraulique actuel*, dont on considère l'élément ds compris entre la section σ proposée, qui lui a été menée normale, et une section voisine parallèle.

» En faisant idéalement la même substitution permise de V et V_0 à u et u_0 dans les premiers membres des formules (3), (4) et (5), ces équations auront, dans toutes leurs parties, une signification géométrique ou physique, indépendante des axes *généraux* de coordonnées que l'on pourrait choisir ensuite pour étudier dans chaque cas le mouvement à toutes les époques; car les y, z, ou χ, ζ, qui y figureront, seront des coordonnées locales propres à la section fluide σ menée, à l'époque t, normalement en un point donné quelconque de l'*axe hydraulique* tel qu'il est à ce moment, *c'est-à-dire de l'axe du tuyau* quand il s'agit d'un tuyau plein, *et d'une coupe longitudinale de la surface libre actuelle* quand il s'agit d'un cours d'eau découvert.

» Enfin, les vitesses et les accélérations, variant lentement d'un point à l'autre dans les sens parallèles ou presque parallèles à la direction moyenne de l'écoulement, ont sensiblement les mêmes valeurs et les mêmes dérivées en sens divers aux points correspondants de sections voisines σ, presque pareilles d'ailleurs, menées en un même endroit dans le fluide suivant des orientations un peu différentes, mais toutes à peu près normales aux vitesses V. Et l'on peut même y confondre des dérivées de u suivant des sens transversaux (des y ou des z) un peu différents, faisant entre eux des angles du premier ordre de petitesse, pourvu que ce soit dans des termes, provenant des frottements, où figurait d'abord le petit facteur ε, comme sont ceux en $F(\chi, \zeta)$ de (2) et de (3).

» Donc, si l'on prend, pour toutes les époques, un axe fixe des x suivant la direction moyenne de l'écoulement, et des axes des y et des z perpendiculaires, les quantités u, v, w, u', v', w' pourront, *également*, se rapporter à ces axes fixes et communs dans les formules (1), (2), (3), (4) et (5), où la pente motrice I sera la dérivée en x, changée de signe, de l'expression $\varepsilon_0 + \frac{p_0}{\rho g}$, mesurée le long d'un axe hydraulique généralement variable d'un instant à l'autre, mais dont les éléments ds ne feront avec l'axe des x que des angles ayant leurs carrés négligeables.

§ III. — Équations qui déterminent le mode de distribution des vitesses dans l'écoulement varié.

» **6.** Si, après avoir divisé (3) et (4) par $k\sqrt{B_0}$, l'on élimine I de (3) par la relation (5), il vient, pour déterminer le mode de distribution des vitesses à travers la section σ, le système suivant d'équations, où nous avons pris comme inconnue la même fonction $\frac{1}{k\sqrt{B_0}}\left(\frac{u}{u_0}-1\right)$ que dans le cas du régime uniforme [1] :

$$(7)\quad \begin{cases} \dfrac{d}{d\eta}\left(F\dfrac{d}{d\eta}\dfrac{u-u_0}{u_0 k\sqrt{B_0}}\right)+\dfrac{d}{d\zeta}\left(F\dfrac{d}{d\zeta}\dfrac{u-u_0}{u_0 k\sqrt{B_0}}\right)+\mathfrak{M}f=\dfrac{\sigma}{\chi}\dfrac{u'-\mathfrak{M}u'}{gB_0u_0^2}, \\ (\text{au contour})\ F\dfrac{d}{d\nu}\dfrac{u-u_0}{u_0 k\sqrt{B_0}}=-f, \qquad (\text{au milieu du fond})\ \dfrac{u-u_0}{u_0 k\sqrt{B_0}}=0. \end{cases}$$

» Posons

$$(8)\qquad \frac{u-u_0}{u_0 k\sqrt{B_0}}=F_1(\eta,\zeta)+\frac{1}{gB_0u_0^2}\frac{\sigma}{\chi}F_2(\eta,\zeta),$$

F_1 étant la fonction, déjà considérée, qui définit pour chaque forme de section la distribution des vitesses dans le régime uniforme et que détermine le système

$$(9)\quad \begin{cases} \dfrac{d}{d\eta}\left(F\dfrac{dF_1}{d\eta}\right)+\dfrac{d}{d\zeta}\left(F\dfrac{dF_1}{d\zeta}\right)+\mathfrak{M}f=0, \\ (\text{au contour})\ F\dfrac{dF_1}{d\nu}=-f, \qquad (\text{au milieu du fond})\ F_1=0. \end{cases}$$

» Les formules (7) deviendront évidemment, en F_2,

$$(10)\quad \begin{cases} \dfrac{d}{d\eta}\left(F\dfrac{dF_2}{d\eta}\right)+\dfrac{d}{d\zeta}\left(F\dfrac{dF_2}{d\zeta}\right)=u'-\mathfrak{M}u', \\ (\text{au contour})\ F\dfrac{dF_2}{d\nu}=0, \qquad (\text{au milieu du fond})\ F_2=0; \end{cases}$$

et il est clair que celles-ci, une fois l'accélération u' connue aux divers points (y, z) ou (η, ζ) de σ, détermineront complètement la fonction F_2, qui

---

[1] *Comptes rendus*, 6 juillet 1896, t. CXXIII, p. 7, ou § VIII du Mémoire précédent, p. 26.

dépendra non seulement de η, ζ, mais aussi des autres quantités entrant dans u'.

» Quand la fonction F_2 sera ainsi trouvée, la relation (8) donnera, pour exprimer dans toutes les sections semblables le rapport de la vitesse u en un point quelconque à la vitesse u_0 au milieu du fond, la formule

$$\frac{u}{u_0} = 1 + k\sqrt{B_0}\,F_1(\eta, \zeta) + \frac{k}{g\sqrt{B_0}\,u_0^2}\,\frac{\sigma}{\chi}\,F_2(\eta, \zeta). \tag{11}$$

§ IV. — Relation entre la vitesse moyenne et la vitesse au fond.

» **7.** Le rapport de la vitesse moyenne U à la vitesse u_0 au milieu du fond s'obtiendra, par suite, en prenant la moyenne des valeurs du second membre de (11) sur toute l'aire σ de la section fluide ; ce qui donne, comme généralisation de notre formule (31) de régime uniforme ([1]), si $\mathfrak{M}F_2$ désigne la valeur moyenne de la fonction $F_2(\eta, \zeta)$,

$$\frac{U}{u_0} = 1 + (k\,\mathfrak{M}F_1)\sqrt{B_0} + \frac{k}{g\sqrt{B_0}\,u_0^2}\,\frac{\sigma}{\chi}\,\mathfrak{M}F_2. \tag{12}$$

» On voit qu'il suffirait de connaître $\mathfrak{M}F_2$ pour pouvoir tirer de (12) la vitesse u_0, au milieu du fond, en fonction de la vitesse moyenne ou de débit U ; après quoi, la substitution de cette valeur de u_0 dans l'équation (5) donnerait, entre la vitesse moyenne, le rayon moyen, la pente motrice et l'accélération moyenne $\mathfrak{M}u'$, une relation, propre à jouer dans les régimes graduellement variés le rôle capital de l'équation usuelle $\frac{\sigma}{\chi}I = bU^2$ dans le régime uniforme. Or l'expression désirée de $\mathfrak{M}F_2$ se déduit aisément des équations (9) et (10) définissant F_1 et F_2, sans qu'on ait, à beaucoup près, besoin de les intégrer.

» **8.** Ajoutons, en effet, les premières équations (9) et (10), respectivement multipliées par $F_2\,d\sigma$ et par $-F_1\,d\sigma$; et observons que $d\sigma$, ou $dy\,dz$, est le produit du carré du rayon moyen par l'élément d'aire $d\eta\,d\zeta$ dans la section semblable de rayon moyen 1. Puis intégrons les résultats dans

---

([1]) *Comptes rendus*, 6 juillet 1896, t. CXXIII, p. 8, ou p. 27 du Mémoire précédent.

toute l'étendue de celle-ci, après avoir remplacé les différences

$$F_2 \frac{d}{d\eta}\left(F\frac{dF_1}{d\eta}\right) - F_1 \frac{d}{d\eta}\left(F\frac{dF_2}{d\eta}\right), \qquad F_2 \frac{d}{d\zeta}\left(F\frac{dF_1}{d\zeta}\right) - F_1 \frac{d}{d\zeta}\left(F\frac{dF_2}{d\zeta}\right)$$

par $\frac{d}{d\eta}\left(F_2 . F\frac{dF_1}{d\eta} - F_1 . F\frac{dF_2}{d\eta}\right)$, $\frac{d}{d\zeta}\left(F_2 . F\frac{dF_1}{d\zeta} - F_1 . F\frac{dF_2}{d\zeta}\right)$. Les termes où paraissent ces différences se transformeront, à la manière ordinaire, en intégrales de contour, que les secondes relations (9), (10) simplifieront et réduiront à la partie mouillée du contour. Revenons enfin à la section effective σ et à son contour mouillé χ, en multipliant les différentielles sous les signes $\int$ par les facteurs convenables. Alors, si $\mathcal{M}(F_1 u')$ désigne la valeur moyenne du produit $F_1(\eta, \zeta) u'$ dans toute l'étendue σ, nous aurons, après avoir divisé par σ,

$$(13) \qquad -\int_\chi f F_2 \frac{d\chi}{\chi} + \mathcal{M}f . \mathcal{M}F_2 = \mathcal{M}F_1 . \mathcal{M}u' - \mathcal{M}(F_1 u').$$

» Dans cette relation, le premier terme égale évidemment le produit de $\mathcal{M}f$ par une valeur de F_2 intermédiaire entre la plus petite et la plus grande que prenne cette fonction le long du contour mouillé χ. Or, si les vitesses, aux divers points de la paroi, étaient réparties dans le mouvement varié comme dans le mouvement uniforme, on y aurait, d'après (8), $F_2 = 0$, le premier membre de (8) s'y réduisant à $F_1(\eta, \zeta)$. Sans avoir besoin d'admettre qu'il en soit rigoureusement ainsi, il est clair, par analogie avec ce qui a lieu dans le régime uniforme, que les écarts relatifs de vitesse, propres au mouvement varié, seront bien moindres le long du contour mouillé que dans tout l'intérieur de la section. Autrement dit, la fonction F_2 se maintiendra, le long de χ, beaucoup plus voisine que dans l'aire σ de sa valeur zéro réalisée au milieu du fond. Donc le premier terme de (13) est négligeable devant le deuxième, et cette relation donne

$$(14) \qquad \mathcal{M}F_2 = \frac{\mathcal{M}F_1 . \mathcal{M}u' - \mathcal{M}(F_1 u')}{\mathcal{M}f}.$$

» **9.** Telle est l'expression de $\mathcal{M}F_2$ à substituer dans (12). Remplaçons ensuite le binome $1 + k\sqrt{B_0}\,\mathcal{M}F_1$ par sa valeur, $\sqrt{\frac{B_0 \mathcal{M}f}{b}}$, contenant le coefficient usuel b qui entre dans la formule du régime uniforme [1], et mettons

[1] *Comptes rendus*, 6 juillet 1896, t. CXXIII, p. 8, formules (32) et (33); ou p. 37 du Mémoire précédent.

d'ailleurs cette valeur en facteur commun au second membre. Nous aurons

$$(15)\qquad \frac{U}{u_0} = \sqrt{\frac{B_0 \mathcal{M} f}{b}} \left[1 + k \sqrt{\frac{b}{\mathcal{M} f}} \frac{\sigma}{\chi} \frac{\mathcal{M} F_1 \mathcal{M} u' - \mathcal{M}(F_1 u')}{g B_0 u_0^2 \mathcal{M} f} \right],$$

expression où le terme qui suit l'unité dans la parenthèse sera très petit et aura son carré négligeable, puisque nous admettons *ici* un mode de distribution des vitesses voisin de celui du régime uniforme. Comme on veut avoir u_0^2 en fonction de U^2, il reste à renverser cette valeur du quotient de U par u_0 et à l'élever au carré, en employant d'ailleurs la formule du binome et en substituant à $B_0 u_0^2 \mathcal{M} f$, dans le terme en u', sa valeur de première approximation bU^2. Il vient, pour représenter (au facteur près ρg) le frottement extérieur moyen $B_0 u_0^2 \mathcal{M} f$ par unité d'aire, la formule

$$(16)\qquad B_0 u_0^2 \mathcal{M} f = bU^2 - 2k \sqrt{\frac{b}{\mathcal{M} f}} \frac{\sigma}{\chi} \frac{\mathcal{M} F_1 \mathcal{M} u' - \mathcal{M}(F_1 u')}{g}.$$

» On donne au second membre une signification plus intuitive en observant que F_1 et $k\sqrt{\frac{b}{\mathcal{M} f}}$ reviennent, d'après (8) et (15), dans les petits termes où u' est en facteur, à $\frac{u - u_0}{u_0 k \sqrt{B_0}}$, $k\frac{u_0 \sqrt{B_0}}{U}$, et ont pour produit $\frac{u - u_0}{U}$. Alors u_0 s'élimine du dernier terme de (16); et, en indiquant finalement par $(u^2)'$ la dérivée complète de u^2 relative au temps, c'est-à-dire sa dérivée $2uu'$ prise en suivant une même particule, par $\mathcal{M}(u^2)'$ la valeur moyenne de $(u^2)'$, il vient

$$(17)\qquad B_0 u_0^2 \mathcal{M} f = bU^2 + \frac{1}{g} \frac{\sigma}{\chi} \left[\frac{\mathcal{M}(u^2)'}{U} - 2\mathcal{M} u' \right].$$

Telle est la valeur de $B_0 u_0^2 \mathcal{M} f$ qu'il faudra porter dans l'équation (5), où figure la pente motrice I. Résolue par rapport à I, cette équation sera

$$(18)\qquad I = bU^2 \frac{\chi}{\sigma} + \frac{1}{g} \left[\frac{\mathcal{M}(u^2)'}{U} - \mathcal{M} u' \right].$$

§ V. — Formule générale pour la valeur moyenne, sur une section, de toute dérivée complète par rapport au temps.

» **10.** Il manque encore à son dernier terme et à celui de (17) d'être reliés le plus simplement possible à la vitesse moyenne U ou à ses dérivées partielles en x et t.

» Pour y parvenir, démontrons d'abord la formule générale suivante, où il s'agit de tout courant fluide, permanent ou non permanent, dont les particules, d'une densité ρ constante ou variable, possèdent des vitesses V ayant, à l'époque t, les composantes u, v, w suivant des x, y, z fixes et où, U étant la vitesse moyenne (de *débit*) suivant l'axe des x, à travers les sections σ normales à cet axe et fonctions, comme elle-même, de x et de t, τ désigne d'ailleurs toute fonction continue des quatre variables t, x, y, z, enfin, τ', sa dérivée *complète* par rapport au temps, ou dérivée prise en suivant durant l'instant dt la particule venue en (x, y, z) à l'époque t :

$$(19)\qquad \int_\sigma \rho\tau'\,d\sigma = \frac{d}{dt}\int_\sigma \rho\tau\,d\sigma + \frac{d}{dx}\int_\sigma \rho u\tau\,d\sigma.$$

» Considérons, en effet, à l'époque t, la somme $\Sigma m\tau'$, pour toutes les particules $m = \rho\,d\sigma\,dx$ comprises dans le volume fluide $\int_x^{x+\Delta x} dx \int_\sigma d\sigma$, que limitent les sections σ, σ' ayant deux abscisses voisines et constantes x, $x + \Delta x$; et soient τ_1 la valeur, à l'époque $t + dt$, de la fonction τ pour la particule m, σ_1 la section fluide correspondant, pour la même époque $t + dt$, à chaque abscisse intermédiaire entre x et $x + \Delta x$. Il est clair que

$$(20)\qquad \sum m\tau' = \frac{1}{dt}(\Sigma m\tau_1 - \Sigma m\tau),$$

et, d'autre part, que $\Sigma m\tau'$, $\Sigma m\tau$ ont les deux expressions respectives

$$\int_x^{x+\Delta x} dx \int_\sigma \rho\tau'\,d\sigma \quad \text{et} \quad \int_x^{x+\Delta x} dx \int_\sigma \rho\tau\,d\sigma.$$

» Pour évaluer $\Sigma m\tau_1$, observons que la masse Σm comprend, à l'époque $t + dt$, la tranche fluide limitée par les deux sections σ_1 d'abcisses x, $x + \Delta x$, où les particules m se grouperont en éléments de volume $dx\,d\sigma_1$ donnant les éléments d'intégrale $dx\,\rho\tau\,d\sigma_1$, moins le fluide, $\rho(u\,dt)\,d\sigma$ à fort peu près, entré par chaque élément de la première section durant l'instant dt, et donnant l'élément d'intégrale $-dt\,\rho u\tau\,d\sigma$, plus enfin le fluide analogue $\rho(u\,dt)\,d\sigma'$ sorti dans le même instant par chaque élément de la dernière section σ' et fournissant à l'intégrale l'élément $dt\,\rho u\tau\,d\sigma'$. La somme $\Sigma m\tau_1$ sera donc

$$\int_x^{x+\Delta x} dx \int_{\sigma_1} \rho\tau\,d\sigma_1 + dt\left(\int_{\sigma'} \rho u\tau\,d\sigma' - \int_\sigma \rho u\tau\,d\sigma\right) = \int_x^{x+\Delta x} dx\left(\int_{\sigma_1} \rho\tau\,d\sigma_1 + dt\frac{d}{dx}\int_\sigma \rho u\tau\,d\sigma\right).$$

» Divisons par dt son excédent sur l'expression de $\Sigma m\tau$, et nous aurons évidemment, d'après (20),

$$\int_x^{x+\Delta x} dx \int_\sigma \rho\tau' \, d\sigma = \int_x^{x+\Delta x} dx \left(\frac{d}{dt} \int_\sigma \rho\tau \, d\sigma + \frac{d}{dx} \int_\sigma \rho u \tau \, d\sigma \right);$$

ce qui, en supposant Δx infiniment petit, revient bien à la formule (19).

§ VI. — Applications de cette formule, notamment à l'équation de continuité du fluide pour toute l'étendue des sections, etc.

» **11.** Une première application, *indispensable*, de (19) s'obtient en posant $\tau = 1$, de manière à exprimer la conservation de la masse fluide Σm. Dans le cas auquel nous nous bornons d'un liquide, il vient ainsi, après suppression du facteur alors constant ρ, et en observant que U est la valeur moyenne de u sur toute l'aire σ, l'*équation de continuité en* U *et* σ, savoir

$$\frac{d\sigma}{dt} + \frac{d.\sigma U}{dx} = 0. \tag{21}$$

» Elle signifie que la tranche fluide, $\sigma\Delta x$, comprise entre deux sections voisines σ, σ', à abscisses constantes, et à travers lesquelles les vitesses moyennes sont U et U', décroît, par unité de temps, d'une quantité $-\frac{d\sigma}{dt}\Delta x$, égale à la différence de leurs débits, qui est $\sigma'U' - \sigma U$, ou $\frac{d.\sigma U}{dx}\Delta x$.

» Posons maintenant, dans (19), $\tau =$ soit u, soit u^2; et faisons d'ailleurs

$$\int_\sigma \left(\frac{u}{U}\right)^2 \frac{d\sigma}{\sigma} = 1 + \eta, \qquad \int_\sigma \left(\frac{u}{U}\right)^3 \frac{d\sigma}{\sigma} = \alpha, \tag{22}$$

où η désigne ainsi [1] l'excédent sur l'unité, toujours positif, du rapport du carré moyen des vitesses u à travers une section au carré de leur moyenne U, et où α, peu différent, comme on sait, de $1 + 3\eta$ [2], est, suivant l'usage des

---

[1] Il est vrai que η désigne déjà le rapport, dans chaque section σ, de la coordonnée y à une certaine ligne de la section. Mais il ne résultera de ce double emploi de η aucune confusion, les deux rôles n'ayant rien de commun.

[2] En effet, si l'on pose $\frac{u}{U} = 1 + \Delta$, la valeur moyenne de Δ sur toute l'aire σ de la

hydrauliciens, le rapport analogue du cube moyen des vitesses u au cube de la vitesse moyenne. La formule (19), divisée par $\rho\sigma$, donnera

$$(23)\qquad \mathfrak{M}u' = \frac{1}{\sigma}\left[\frac{dU\sigma}{dt} + \frac{d(1+\eta)U^2\sigma}{dx}\right], \qquad \mathfrak{M}(u^2)' = \frac{1}{\sigma}\left[\frac{d(1+\eta)U^2\sigma}{dt} + \frac{d\alpha U^3\sigma}{dx}\right].$$

Dédoublons les termes où figure une dérivée en x, en y considérant $(1+\eta)U^2\sigma$, $\alpha U^3\sigma$ comme produits de $U\sigma$ par $(1+\eta)U$ ou par αU^2; puis éliminons, grâce à (21), la dérivée de $U\sigma$ en x. Il vient, après quelques réductions évidentes,

$$(24)\qquad \begin{cases} \mathfrak{M}u' = \dfrac{dU}{dt} + U\dfrac{d.(1+\eta)U}{dx} - \eta\dfrac{U}{\sigma}\dfrac{d\sigma}{dt}, \\ \mathfrak{M}(u^2)' = \dfrac{d.(1+\eta)U^2}{dt} + U\dfrac{d.\alpha U^2}{dx} - (\alpha - 1 - \eta)\dfrac{U^2}{\sigma}\dfrac{d\sigma}{dt}. \end{cases}$$

» Enfin ces valeurs, portées dans (18) et (17), donneront aisément les expressions désirées de la pente motrice et du frottement extérieur moyen par unité d'aire (au facteur près ρg) :

$$(25)\qquad \begin{cases} I = bU^2\dfrac{\chi}{\sigma} + (2\alpha - 1 - \eta)\dfrac{d}{dx}\dfrac{U^2}{2g} \\ \qquad + \dfrac{1+2\eta}{g}\dfrac{dU}{dt} - \dfrac{\alpha - 1 - 2\eta}{g}\dfrac{U}{\sigma}\dfrac{d\sigma}{dt} + \dfrac{U}{g}\left(U\dfrac{d.\alpha-\eta}{dx} + \dfrac{d\eta}{dt}\right), \end{cases}$$

$$(26)\qquad \begin{cases} B_0 u_0^2\,\mathfrak{M}f = bU^2 + 2(\alpha - 1 - \eta)\dfrac{\sigma}{\chi}\dfrac{d}{dx}\dfrac{U^2}{2g} + \dfrac{2\eta}{g}\dfrac{\sigma}{\chi}\dfrac{dU}{dt} \\ \qquad - \dfrac{1+3\eta-\alpha}{g}\dfrac{U}{\chi}\dfrac{d\sigma}{dt} + \dfrac{\sigma}{\chi}\dfrac{U}{g}\left(U\dfrac{d.\alpha-3\eta}{dx} + \dfrac{d\eta}{dt}\right). \end{cases}$$

---

section sera nulle. Donc les carré et cube *moyens* $1+\eta$, α de $\frac{u}{U}$, savoir

$$\mathfrak{M}(1 + 2\Delta + \Delta^2) \quad \text{et} \quad \mathfrak{M}(1 + 3\Delta + 3\Delta^2 + \Delta^3),$$

seront respectivement

$$1 + \mathfrak{M}(\Delta^2) \quad \text{et} \quad 1 + 3\mathfrak{M}(\Delta^2) + \mathfrak{M}(\Delta^3).$$

Ainsi, d'une part, $\eta = \mathfrak{M}(\Delta^2)$, et les valeurs absolues de Δ sont, *en moyenne*, de l'ordre de $\sqrt{\eta}$; d'autre part, $\mathfrak{M}(\Delta^3)$ étant dès lors comparable à $\eta\sqrt{\eta}$, c'est-à-dire, en général, beaucoup plus petit que $3\mathfrak{M}(\Delta^2)$ ou 3η, α se réduit bien, sensiblement, à $1+3\eta$.

§ VII. — Équation générale du mouvement et formule du frottement extérieur, à une première approximation.

» **12.** Les coefficients $2\alpha-1-\eta$, $1+2\eta$, $\alpha-1-2\eta$, $2(\alpha-1-\eta)$, 2η, $1+3\eta-\alpha$, calculés par les relations (22) qui définissent η et α, pourront être réduits à leurs valeurs sensiblement constantes de régime uniforme, dans tous les écoulements assez graduellement variés pour que le mode de distribution des vitesses diffère peu de ce qu'il est dans ce régime; car ces coefficients multiplient des dérivées de U ou de σ petites du premier ordre, et les parties de η, α ajoutées par de pareilles variations de régime n'apporteraient aux termes considérés que des corrections non linéaires, supposées négligeables.

» De plus, dans les écoulements graduellement variés auxquels nous voulons nous borner d'abord, et où se feront assez lentement les changements de *forme* de σ influant sur les valeurs de régime uniforme de η et α, les petites parties variables de ces coefficients seront, comme celles mêmes que contiendra le rapport de u à U et d'où elles proviendront, de l'ordre des dérivées partielles premières de U ou de σ; et leurs dérivées en x ou en t atteindront, par suite, comme les dérivées secondes de U ou de σ, le deuxième ordre de petitesse. C'est dire qu'*à une première approximation, le dernier terme, double, de chacune des équations* (25) *et* (26) *sera négligeable.*

» Les deux équations (25) et (26) auront ainsi leurs seconds membres réduits aux quatre premiers termes; et les quatrièmes, affectés des coefficients $\alpha-1-2\eta$, $1+3\eta-\alpha$, très petits par rapport aux coefficients précédents, seront même peu sensibles. On pourra dire, en particulier, que *la pente motrice* I *se divise en trois parties principales, employées respectivement, l'une,* $b\mathrm{U}^2\frac{\chi}{\sigma}$, *à vaincre le frottement extérieur de régime uniforme; la deuxième,* $(2\alpha-1-\eta)\frac{d}{dx}\left(\frac{\mathrm{U}^2}{2g}\right)$, *à accélérer d'amont en aval le mouvement,* en y accroissant *la hauteur due à la vitesse moyenne* U; enfin, *la troisième,* $\frac{1+2\eta}{g}\frac{d\mathrm{U}}{dt}$, *à accélérer le mouvement sur place.*

» D'après la formule (26), le frottement extérieur moyen par unité d'aire comprend pareillement trois parties principales, dont les deux dernières, dépendant des mêmes variations du mouvement, montrent que, *à égalité de vitesse moyenne* U, *la vitesse au fond* u_0 *croît quand le mouvement s'accélère ainsi soit d'amont en aval, soit sur place.* Ces accélérations tendent donc à égaliser les vitesses à travers chaque section, comme Dupuit en avait fait quelque part la remarque pour le cas du régime permanent, il y a un demi-siècle, dans ses *Études théoriques et pratiques sur le mouvement des eaux courantes* (¹).

15. L'hypothèse, faite ici, d'un mode de distribution des vitesses peu différent de celui du régime uniforme, astreint évidemment, dans la formule (26), les termes qui suivent bU^2 à être notablement moindres que bU^2; sans quoi le rapport de u_0 à U en serait trop altéré. Mais, heureusement, les coefficients $2(\alpha - 1 - \eta)$, 2η, $1 + 3\eta - \alpha$ de ces termes sont de petites fractions des coefficients correspondants $2\alpha - 1 - \eta$, $1 + 2\eta$, $\alpha - 1 - 2\eta$ dans la formule (25); car η ne dépasse guère 0,02 ou 0,03 (sauf dans le cas de parois très rugueuses) et α égale $1 + 3\eta$, à un écart près de l'ordre de $\eta\sqrt{\eta}$. Aussi le terme bU^2 pourra-t-il, dans (26), être, comme on l'admet, très supérieur à ceux qui le suivent, sans que, dans (25), les termes correspondant à ceux-ci, ou dus à la variation du mouvement, soient tenus d'être moindres que le terme en b. Autrement dit, *grâce aux inégalités modérées des vitesses à travers chaque section dans les écoulements tourbillonnants, le régime peut y être graduellement varié, avec vitesses distribuées approximativement comme dans le régime uniforme, tout en différant beaucoup d'un régime uniforme*. De là, le champ étendu d'application et l'utilité de l'équation (25) du mouvement.

(¹) Il observe que le principe de Daniel Bernoulli, appliqué, entre deux mêmes sections normales d'un courant permanent sensiblement rectiligne, aux divers filets fluides de ce courant, impose à tous, de la section amont à la section aval, la même variation de la *hauteur* $\frac{V^2}{2g}$ ou $\frac{u^2}{2g}$ *due à la vitesse*. Si donc, dit-il à peu près, les filets s'accélèrent, les carrés u^2 conserveront entre eux, tout en grandissant, leurs différences primitives (du moins le long de parcours assez modérés pour qu'on puisse y négliger l'action des frottements), et les différences entre leurs racines u s'atténueront.

C'est bien ce qu'ont vérifié, toujours pour l'état permanent, les remous d'abaissement observés par M. Bazin. Les valeurs de η qu'il y a constatées sont un peu moindres que celles de régime uniforme (*Recherches hydrauliques*, 1ʳᵉ Partie, p. 262). Or η ou $\mathcal{M}(\Delta^2)$ mesure, en quelque sorte, par sa racine carrée, l'inégalité relative moyenne de vitesse des filets fluides composant le courant; et la diminution de η indique bien une tendance de ceux-ci vers l'égalisation de leurs rapidités, aux endroits dont il s'agit où le fluide s'accélère.

» Au contraire, *dans les mouvements bien continus, où s'annule la vitesse u_0 à la paroi*, η, $\alpha - 1$ sont comparables à l'unité ; et *tout régime graduellement varié, avec vitesses distribuées approximativement comme dans un régime uniforme, est quasi uniforme*, quant à la relation existant entre la pente motrice, la vitesse moyenne et le rayon moyen. L'étude d'un tel régime n'offre donc qu'un intérêt restreint (¹).

(¹) J'en ai, toutefois, donné la théorie au § I d'un Mémoire publié en 1878 au *Journal de Liouville*.

Un cas particulier, celui qui concerne l'établissement du régime uniforme dans la première partie amont d'un long tube, et que j'étudie pour l'écoulement tourbillonnant, c'est-à-dire pour les tuyaux, aux §§ XXI à XXX du présent Mémoire, offre un certain intérêt aux physiciens ; car il permet, par le calcul de la fraction de la charge (ou hauteur motrice) qui est employée à établir le régime uniforme, d'expliquer les débits obtenus par Poiseuille dans celles de ses expériences sur l'écoulement le long des tubes fins qui constituent sa *seconde série*, où la longueur était insuffisante pour que la fraction de charge dont il s'agit ici pût être négligée. Une étude surtout expérimentale de M. Maurice Couette (Thèse de doctorat ès Sciences physiques, *Sur le frottement des liquides*, Paris, 1890), ayant appelé mon attention sur ce cas spécial, je l'ai abordé dans les *Comptes rendus de l'Académie des Sciences*, d'abord les 9 et 16 juin 1890 (t. CX, p. 1160 et 1238), puis, plus complètement pour les tubes circulaires, les 6 et 13 juillet 1891 (t. CXIII, p. 9 et 49). Un premier aperçu y démontre que la hauteur de charge employée à établir le régime uniforme, dans un tel tube à entrée évasée, est environ $\frac{U^2}{g}$, U désignant la vitesse moyenne. Après quoi, la mise en compte, par des intégrations en série compliquées, des variations de vitesse des filets après l'entrée, m'a donné $1,12\frac{U^2}{g}$, avec une longueur minima $0,26\frac{\rho}{\varepsilon}R^2U$ environ (où $\varepsilon = 0,000000133\,g$ pour l'eau à 10°), sans laquelle le régime uniforme n'existerait pas, même à l'extrémité aval, à des écarts relatifs près de 0,01 sur les vitesses.

M. Jules Delemer a repris à fond les mêmes calculs dans sa Thèse de doctorat ès Sciences mathématiques, *Sur le mouvement varié de l'eau*, etc. (Paris, 1895), et en a fait l'application détaillée à la seconde série d'expériences de Poiseuille. Il a trouvé notamment, pour la charge employée à établir le régime uniforme, $1,123\frac{U^2}{g}$, quand on se borne, comme j'avais fait, à la première solution simple, ou au *terme fondamental* de l'intégrale générale, mais $1,1346\frac{U^2}{g}$, quand on prend les deux premières solutions simples.

On verra plus loin, dans deux Notes annexées aux §§ XXV et XXVIII du présent Mémoire, comment la théorie de ces phénomènes pourrait se déduire, comme cas limite, de celle des écoulements tourbillonnants, convenablement modifiée.

§ VIII. — Usages de l'équation générale du mouvement graduellement varié.

« **14.** La pente motrice I est liée, dans un tuyau plein, à la dérivée en x de la pression p_0 le long de l'axe : dans un canal découvert, elle l'est à la dérivée analogue de la section fluide σ, car elle se confond alors avec la pente de superficie, dont l'excédent sur la pente donnée du lit est le quotient, par dx, de la hauteur de la bande supérieure, $-d\sigma$, qui manque actuellement à la section fluide d'abscisse $x+dx$ pour égaler la section σ d'abscisse x. En joignant la condition (21) de conservation des volumes fluides à la relation (25), on aura donc deux équations aux dérivées partielles, en U et p_0 dans le cas du tuyau où la section σ est connue, en U et σ dans le cas du canal découvert où p_0, pression à la surface libre, est ou constante, ou, du moins, donnée. S'il s'agissait d'un tuyau élastique, à section σ variable avec p_0, cas dans lequel ces deux équations (21), (25) contiendraient les trois fonctions inconnues distinctes U, σ, p_0 de x et de t, la théorie de l'élasticité fournirait, entre σ et p_0, la troisième équation nécessaire.

» On aura donc les formules indispensables pour rattacher, dans le cas général d'un régime non permanent, les états successifs du courant fluide à son état initial, et pour déterminer, dans le cas plus particulier d'un régime permanent, où les équations deviendront simplement différentielles en x, les variations, d'amont en aval ou d'aval en amont, soit de la pression p_0 sur l'axe, soit de la section fluide σ.

» **15.** Ces équations expliquent facilement, comme on peut le voir dans mon Mémoire cité de 1872 ([1]), les principales circonstances qu'offrent les cours d'eau découverts, soit parvenus à un état sensiblement permanent et étudiés dans leurs longues parties à variations graduelles de chaque section aux suivantes, soit considérés dans des états de crue ou de décrue survenant, les uns, assez vite, les autres, avec une certaine lenteur. Mais l'observation de tels phénomènes ne comporte guère le degré de précision qu'il faudrait pour contrôler, dans l'équation (25), les coefficients $2\alpha-1-\eta$, $1+2\eta$, $\alpha-1-2\eta$ des termes dus à la non-uniformité du

([1]) *Essai sur la théorie des eaux courantes*, §§ XIII à XVI, XXVII, et XXXVI à XXXIX.

régime, en tant qu'ils diffèrent, le premier, de l'unité, qu'il excède sensiblement de 5η, le deuxième, aussi de l'unité, et le troisième, de zéro, qu'il surpasse de η environ. Or il n'en est pas tout à fait de même de la propagation de l'*onde* ou *intumescence* que produit une variation assez rapide, mais momentanée, de la hauteur d'eau et de la vitesse moyenne, à une des deux extrémités du cours d'eau, onde *descendante*, ou dirigée suivant le courant, quand elle survient à l'*entrée* ou extrémité amont, onde *ascendante*, allant contre le courant, quand elle survient à l'*embouchure* ou extrémité aval, et que la vitesse U du courant est insuffisante pour arrêter sa progression vers l'amont. Dans ces deux cas, la vitesse de propagation, calculable par les équations (21) et (25), se trouve dépendre assez des *petites* parties des coefficients en question, pour que sa mesure effective les mette en évidence, du moins dans les cours d'eau torrentueux et à fond non poli où la rapidité u_m des filets superficiels excède fortement la vitesse moyenne U. Il y a donc lieu d'évaluer ici cette vitesse de propagation, en vue de vérifier expérimentalement l'équation générale (25) des écoulements graduellement variés.

§ IX. — Son emploi dans le calcul de la propagation des ondes ou des remous le long d'un courant.

« **16.** Supposons qu'il s'agisse d'un canal rectangulaire de pente constante et d'une très grande largeur également constante, où se trouve établi, avant la perturbation constituant l'onde étudiée, un régime uniforme, à vitesse moyenne U pour la profondeur d'eau, également donnée, H. Soient $U + U'$ et $H + h$ les nouvelles valeurs de ces quantités lors du passage de l'onde, ou U' et h les petites variations, fonctions de x et de t, qu'ont subies celles-ci à partir des valeurs primitives constantes U, H.

« La pente initiale de superficie, donnée par la formule du régime uniforme ou par l'équation (25) réduite à ses deux premiers termes, est le quotient de bU^2 par H, vu la valeur primitive H du rayon moyen. A l'état non permanent, chaque section se relevant de h, cette pente I devient évidemment $b\frac{U^2}{H} - \frac{dh}{dx}$; et, en même temps, le second membre de (25), réduit, comme il a été dit, par la suppression de son dernier terme (double), prend l'expression

$$b\frac{(U+U')^2}{H+h} + (2\alpha - 1 - \eta)\frac{U+U'}{g}\frac{dU'}{dx} + \frac{1+2\eta}{g}\frac{dU'}{dt} - \frac{\alpha - 1 - 2\eta}{g}\frac{U+U'}{H+h}\frac{dh}{dt}.$$

» A une première approximation, l'on pourra négliger les termes non linéaires en U' ou h et même, à cause de la petitesse du coefficient b, les produits de b par U' ou par h. L'équation (25) deviendra donc

$$(27)\qquad \frac{1+2\eta}{g}\frac{dU'}{dt}+\frac{2\alpha-1-\eta}{g}U\frac{dU'}{dx}+\frac{dh}{dx}-\frac{\alpha-1-2\eta}{g}\frac{U}{H}\frac{dh}{dt}=0.$$

» D'autre part, l'équation (21) donnera, au même degré d'approximation,

$$(28)\qquad \frac{dh}{dt}+H\frac{dU'}{dx}+U\frac{dh}{dx}=0.$$

» **17**. On peut tirer de (28) la valeur de la dérivée de U' en x, pour la substituer dans la relation (27), différentiée préalablement par rapport à x. Il vient ainsi l'équation en h,

$$(29)\qquad \frac{d^2h}{dt^2}+2\left[1+\frac{3(\alpha-1)-5\eta}{2(1+2\eta)}\right]U\frac{d^2h}{dx\,dt}-\frac{gH-(2\alpha-1-\eta)U^2}{1+2\eta}\frac{d^2h}{dx^2}=0.$$

» Décomposons son premier membre en deux facteurs symboliques du premier degré, ou, autrement dit, adoptant comme inconnue provisoire la fonction auxiliaire

$$(30)\qquad \psi=\frac{dh}{dt}+\omega\frac{dh}{dx},$$

mettons l'équation (29) sous la forme

$$(31)\qquad \frac{d\psi}{dt}+\omega'\frac{d\psi}{dx}=0.$$

» Les deux constantes ω, ω' auront respectivement pour somme et pour produit les coefficients des second et troisième termes de (29); d'où

$$(32)\qquad \begin{cases}\omega=\left[1+\dfrac{3(\alpha-1)-5\eta}{2(1+2\eta)}\right]U\pm K\sqrt{\dfrac{gH}{1+2\eta}},\\[2ex] \omega'=\left[1+\dfrac{3(\alpha-1)-5\eta}{2(1+2\eta)}\right]U\mp K\sqrt{\dfrac{gH}{1+2\eta}},\end{cases}$$

K désignant le nombre positif dont le carré est

$$(33)\qquad K^2=1+\left\{\alpha-1-2\eta+\left[\frac{3(\alpha-1)-5\eta}{2}\right]^2\frac{1}{1+2\eta}\right\}\frac{U^2}{gH}.$$

» Nous prendrons le radical, dans (32), avec les signes supérieurs s'il s'agit d'ondes descendantes, avec les signes inférieurs s'il s'agit d'ondes ascendantes. Dans le premier cas, en plaçant l'origine des x à l'entrée du canal, on n'aura le long de celui-ci que des abscisses x positives; et l'on pourra convenir de compter le temps à partir d'un moment où l'expression (30) de ψ sera encore nulle pour $x > 0$. Dans le second cas, en plaçant l'origine des x à l'embouchure, l'on n'aura, au contraire, que des abscisses x négatives; et l'on comptera de même le temps t à partir d'une époque où $\psi = 0$ tout le long du canal, savoir pour $x < 0$.

» **18.** Cela posé, formons les intégrales du problème pour la région du cours d'eau située *en avant* du plan $x = \omega' t$, c'est-à-dire ayant des abscisses plus grandes que $\omega' t$, dans le cas d'ondes descendantes où l'on a $\omega' < \omega$, mais plus petites que $\omega' t$ dans le cas d'ondes ascendantes, où ω' est $> \omega$. Cette région comprendra évidemment tout le canal si ω et ω' ont signes contraires; ce qui arrivera dans les cours d'eau franchement *tranquilles* (non *torrentiels*), où $\sqrt{gH}$ excède notablement U. Même dans un cours d'eau torrentiel, elle sera assez étendue pour que la différence $x - \omega t$, inférieure ou supérieure à $x - \omega' t$ suivant que les ondes descendent ou remontent le courant, y varie de part et d'autre de zéro, et finalement dans d'aussi larges limites que l'on voudra, une fois t devenu assez grand.

» La région considérée donnant, suivant les cas, $x - \omega' t > 0$ ou $x - \omega' t < 0$, l'intégrale de (31), savoir $\psi =$ une fonction de $x - \omega' t$, y devient simplement $\psi = 0$ à raison de la donnée d'état initial, qui annule h et ψ, quand t s'annule, pour toutes les valeurs respectivement positives ou négatives de x. Dès lors, l'équation (30) a elle même pour intégrale $h = F(x - \omega t)$, où la fonction F, nulle (au moins sensiblement) pour les valeurs soit positives, soit négatives de sa variable, en vertu de la même condition d'état initial, reste arbitraire pour les valeurs respectivement négatives ou positives de cette variable $x - \omega t$.

» L'équation (28), ainsi devenue $\frac{d}{dx}[HU' - (\omega - U)h] = 0$, montre que l'expression $HU' - (\omega - U)h$ est nulle partout, comme aux points du canal que l'onde n'a pas encore atteints; et il vient, en définitive, pour la solution cherchée, vérifiant d'ailleurs (27) non moins que (28),

$$(34) \qquad h = F(x - \omega t), \qquad U' = \frac{\omega - U}{H} h.$$

§ X. — Calcul théorique de l'influence qu'a la déformation de la masse fluide sur leur vitesse de propagation.

» **19.** D'après ces formules, la constante ω, définie par (32) et (33), est la *célérité* (ou vitesse de propagation) des ondes. Or, en négligeant des termes très petits de l'ordre de η^2, les relations (33) et (32) donnent

$$(35)\quad \left\{\begin{aligned} \omega &= \left[1 + \frac{3(\alpha-1)-5\eta}{2}\right]U \pm \left(1 - \eta + \frac{\alpha-1-2\eta}{2}\,\frac{U^2}{gH}\right)\sqrt{gH} \\ &= U \pm \sqrt{gH} + \frac{\alpha-1}{2}\,U\left(3 \pm \frac{U}{\sqrt{gH}}\right) - \eta U\left(\frac{5}{2} \pm \frac{U}{\sqrt{gH}} \pm \frac{\sqrt{gH}}{U}\right). \end{aligned}\right.$$

» D'autre part, les formules (37) de mon Étude de l'année dernière (¹) donnent de leur côté, pour exprimer la distribution des vitesses u aux diverses profondeurs relatives ζ, dans notre cours d'eau très large,

$$(36)\qquad \frac{u}{U} = 1 + \frac{k}{2}\sqrt{b}\left(\frac{1}{3} - \zeta^2\right) = 1 + \left(\frac{u_m}{U} - 1\right)(1 - 3\zeta^2).$$

En élevant le troisième membre soit au carré, soit au cube, puis multipliant par $d\zeta$, intégrant de $\zeta = 0$ à $\zeta = 1$, et retranchant enfin l'unité, nous aurons

$$(37)\qquad \eta = \frac{4}{5}\left(\frac{u_m}{U} - 1\right)^2, \qquad \alpha - 1 = 3\eta - \frac{2}{7}\eta\sqrt{5\eta}.$$

Substituons dans le dernier membre de (35) cette valeur de $\alpha - 1$, puis celle de η, et il viendra, comme expression générale de la célérité ω des petites ondes de translation, le long d'un courant large à régime uniforme,

$$(38)\quad \left\{\begin{aligned} \omega &= U \pm \sqrt{gH} + \eta U\left[2 \pm \left(\frac{U}{2\sqrt{gH}} - \frac{\sqrt{gH}}{U}\right)\right] - \frac{\sqrt{5}}{7}\eta^{\frac{3}{2}}U\left(3 \pm \frac{U}{\sqrt{gH}}\right) \\ &= U \pm \sqrt{gH} + \frac{4}{5}\left[2 \pm \left(\frac{U}{2\sqrt{gH}} - \frac{\sqrt{gH}}{U}\right)\right]\frac{(u_m - U)^2}{U} - \frac{8}{35}\left(3 \pm \frac{U}{\sqrt{gH}}\right)\frac{(u_m - U)^3}{U^2}. \end{aligned}\right.$$

» **20.** Cette expression dépend des trois quantités U, $\pm\sqrt{gH}$, $u_m - U$, qui définissent, l'une, U, la vitesse moyenne du cours d'eau, la seconde, $\pm\sqrt{gH}$, la célérité des ondes telle qu'elle serait par rapport à la masse

---

(¹) *Comptes rendus*, t. CXXIII, p. 12 (1er juillet 1896); ou p. 33 du Mémoire précédent.

fluide, si celle-ci était tout entière animée de la vitesse moyenne U; enfin, la troisième, $u_m - U$, l'excédent de la vitesse maxima u_m à la surface sur la vitesse moyenne U, excédent caractérisant l'inégalité absolue de vitesse des filets fluides. La différence $\omega - U \mp \sqrt{gH}$, exprimée en majeure partie par le troisième terme des second et dernier membres de (38), mesure donc l'influence, sur la vitesse de propagation ω, de la rapidité avec laquelle se déforme sans cesse le milieu transmettant les ondes. Ce terme, vu la petitesse ordinaire de η, est peu sensible, comparativement à la somme $U \pm \sqrt{gH}$ des deux précédents, sauf dans les deux cas : 1° d'ondes descendantes, le long d'un cours d'eau, à fond rugueux et très rapide, rendant à la fois, dans ce terme, les fonctions η, U relativement considérables, et notable aussi la différence $\frac{U}{2\sqrt{gH}} - \frac{\sqrt{gH}}{U}$ (précédée alors du signe +) qui croît avec le rapport de U à $\sqrt{gH}$; 2° d'ondes ascendantes le long d'un courant soit presque torrentiel, soit faiblement torrentiel, où la somme algébrique $U - \sqrt{gH}$ s'approche de zéro, par suite de la quasi-égalité de U et de $\sqrt{gH}$; ce qui accroît l'importance du terme en η considéré.

§ XI. — Constatation effective de cette influence et vérification précise de l'équation du mouvement

» **21**. M. Bazin a effectivement constaté, plusieurs années avant l'existence de la précédente théorie, que la célérité ω était bien, dans les cas ordinaires, $U \pm \sqrt{gH}$, sauf toutefois pour les ondes ascendantes, le long d'un cours d'eau presque torrentiel, où elle se trouvait sensiblement réduite en valeur absolue, c'est-à-dire plus grande que $U - \sqrt{gH}$ dans le sens d'amont en aval, conformément à la remarque précédente (¹). Et il a, postérieurement à l'impression de ses *Recherches hydrauliques*, après avoir pris connaissance de ma formule générale (32), publié trois observations faites en même temps que les précédentes, mais qu'il avait réservées faute de pouvoir les expliquer par la formule $U \pm \sqrt{gH}$ (²). C'est qu'elles rentraient justement dans le premier cas exceptionnel, signalé ci-dessus, où

(¹) Deuxième Partie (relative *aux remous* et *à la propagation des ondes*) de ses *Recherches hydrauliques*, p. 36 et 41.

(²) *Comptes rendus*, 15 juin 1885, t. C, p. 1492.

les deux rapports de $u_m - U$ à U et de U à $\sqrt{gH}$ sont relativement considérables. On y avait, en effet, comme valeurs observées respectives de H, U, u_m, ω (avec des erreurs possibles de 3 pour 100 environ sur ω) :

$$
\begin{array}{llll}
H = 0^{m},110, & 0,150, & 0,235, \\
U = 3,785, & 2,744, & 3,481. \\
u_m = 5,31, & 3,49, & 4,55, \\
\omega = 6,25, & 4,32, & 5,75.
\end{array}
$$

» Or, avec ces données (et $g = 9^{m},809$), il vient seulement, pour $U + \sqrt{gH}$, les valeurs très insuffisantes :

$$U + \sqrt{gH} = 4,824, \qquad 3,957, \qquad 4,999,$$

tandis qu'on trouve, par les formules combinées (37), (33) et (32), les valeurs théoriques, sensiblement exactes, comme on voit,

$$\omega = 6,190, \qquad 4,311, \qquad 5,555.$$

» La formule approchée (38) donnerait les résultats plus forts :

$$\omega = 6,511, \qquad 4,327, \qquad 5,589.$$

» L'erreur, insignifiante sur les deux derniers, atteint un vingtième sur le premier; c'est que, dans l'expérience correspondante, le nombre d'ordinaire très petit η avait pris la valeur énorme 0,166. Ce nombre, encore fort grand dans les deux autres expériences, s'y réduisait cependant, respectivement, à 0,059 et à 0,075.

§ XII. — Calcul de l'accélération longitudinale u' dans un écoulement graduellement varié.

» **22.** Notre première approximation donne la même célérité ω à toutes les parties d'une intumescence quelconque. Donc le problème important de leur lente déformation requiert une approximation plus élevée; et celle-ci exige généralement l'évaluation, dans (25) (p. 17), des termes de η et $\chi - \eta$ qui dépendent de la variation du mouvement. Alors l'intégration du système (10) et, par le fait même, le calcul des accélérations u' deviennent inévitables.

» Nous poserons, pour définir le mode de distribution des vitesses aux divers points (y, z), ou (η, ζ), de la section σ d'abscisse x,

$$\frac{u}{\mathrm{U}} = \varphi + \varpi, \qquad \text{ou} \qquad u = \mathrm{U}(\varphi + \varpi), \tag{39}$$

φ étant la fonction de η, ζ et de la forme de σ, qui exprimerait le rapport de u à U si le régime uniforme existait à la traversée de cette section, et ϖ, fonction à déterminer de η, ζ, x et t, représentant le petit écart dû à la variation du mouvement. Si nous désignons par le symbole d_t la différentielle *complète* de la quantité écrite à la suite, c'est-à-dire sa différentielle prise en suivant, durant l'instant dt, une même particule fluide (dans son mouvement moyen local), nous aurons successivement, vu que $u = \mathrm{U}(\varphi + \varpi)$, que y, z ne figurent pas dans U, enfin que les termes non linéaires par rapport à v, w, ϖ et aux dérivées de u, U, φ en x et t sont négligeables,

$$\left\{\begin{aligned} u' &= (\varphi + \varpi)\frac{d_t \mathrm{U}}{dt} + \mathrm{U}\frac{d_t(\varphi + \varpi)}{dt} \\ &= \varphi\left(\frac{d\mathrm{U}}{dt} + u\frac{d\mathrm{U}}{dx}\right) + \mathrm{U}\left(\frac{d\varphi}{dt} + u\frac{d\varphi}{dx} + v\frac{d\varphi}{dy} + w\frac{d\varphi}{dz}\right) + \mathrm{U}\left(\frac{d\varpi}{dt} + u\frac{d\varpi}{dx}\right) \\ &= \frac{d\mathrm{U}}{dt}\varphi + \mathrm{U}\frac{d\mathrm{U}}{dx}\varphi^2 + \mathrm{U}\left(\frac{d\varphi}{dt} + \mathrm{U}\varphi\frac{d\varphi}{dx} + v\frac{d\varphi}{dy} + w\frac{d\varphi}{dz}\right) + \mathrm{U}\left(\frac{d\varpi}{dt} + \mathrm{U}\varphi\frac{d\varpi}{dx}\right). \end{aligned}\right. \tag{40}$$

» A une première approximation du calcul de u', on pourra même, *ici*, supprimer le dernier terme double, où figurent les deux dérivées de ϖ en t et x. En effet, dans le régime graduellement varié que nous considérons actuellement, la perturbation, ϖ, apportée par la *variation* de l'écoulement au mode de distribution des vitesses, est censée liée aux changements de σ et de U avec x et t, au point de n'être pas d'un ordre de grandeur plus élevé que les dérivées premières de σ ou U en x et t; ce qui réduit les dérivées analogues de ϖ à l'ordre de petitesse supérieur des dérivées secondes de σ ou de U. Ainsi l'on aura

$$u' = \frac{d\mathrm{U}}{dt}\varphi + \mathrm{U}\frac{d\mathrm{U}}{dx}\varphi^2 + \mathrm{U}\left(\frac{d\varphi}{dt} + \mathrm{U}\varphi\frac{d\varphi}{dx} + v\frac{d\varphi}{dy} + w\frac{d\varphi}{dz}\right). \tag{41}$$

§ XIII. — Formules régissant les petites composantes transversales de la vitesse.

» **25.** Le calcul de u exigera donc l'emploi non seulement de la fonction *connue* φ, mais aussi des deux petites composantes transversales v, w de la vitesse; et il faut préalablement déterminer celles-ci.

» Nous avons donné, à cet effet (p. 8), la condition d'intégrabilité (1) et l'équation de continuité (2). Il faudra y joindre la relation exprimant que les particules situées à la surface-limite du fluide et supposées s'y mouvoir avec les vitesses moyennes locales, y seront encore à l'époque $t+dt$; et ce sera même cette relation qui, étudiée la première, nous suggérera la marche à suivre pour traiter la question.

» Cette partie du problème, savoir, la recherche de v et w, étant très distincte de la précédente, nous ne nous y astreindrons pas à considérer des sections σ dépendant d'un seul paramètre fonction de x et t, dans le genre du rayon moyen. Nous y admettrons deux tels paramètres distincts a, h; ou, autrement dit, nous prendrons, comme équation de la surface limite du fluide, une relation de la forme

$$(42)\qquad \psi(\eta, \zeta) = 0, \qquad \text{avec} \qquad \eta = \frac{y - y_0}{a}, \qquad \zeta = \frac{z - z_0}{h},$$

a, h étant deux fonctions lentement variables, mais quelconques, de x et t, et y_0, z_0 les coordonnées, par rapport aux axes fixes des y et z, du point où *l'axe hydraulique* perce la section σ d'abscisse x, coordonnées que nous ne pourrons pas toujours supposer nulles et qui seront, en général, comme a et h, des fonctions lentement variables de x et t. Ainsi, les coordonnées transversales *relatives* η, ζ seront les quotients de $y - y_0$, $z - z_0$ par deux longueurs distinctes, a, h, réductibles, il est vrai, au rayon moyen dans le cas de sections toutes semblables. Néanmoins, quand il s'agira, même dans ce cas, de sections rectangulaires très larges, nous appellerons a la demi-largeur qui, alors, deviendra non pas égale, mais seulement proportionnelle au rayon moyen h.

» Enfin, nous admettrons que la fonction φ donnée, exprimant le mode de distribution des vitesses dans le régime uniforme, soit de la forme simple $\varphi(\eta, \zeta)$; ce que nous savons être vrai tout au moins dans le cas de sections semblables, avec coefficient de frottement extérieur B pareil aux points homologues, et aussi dans le cas de sections rectangulaires très larges, où φ dépend seulement de ζ.

» **24.** Exprimons, conformément à la condition énoncée, que ψ ne cesse pas de s'annuler quand, à partir de valeurs actuelles de t, x, y, z donnant $\psi = 0$, on fait croître t de dt et x, y, z de $u\,dt$, $v\,dt$, $w\,dt$, ou, très sensiblement, de $U\varphi\,dt$, $v\,dt$, $w\,dt$. Il viendra

$$(43)\qquad \frac{d\psi}{dt} + U\varphi\frac{d\psi}{dx} + v\frac{d\psi}{dy} + w\frac{d\psi}{dz} = 0.$$

» Or, les formules (42) donnent immédiatement

$$(44)\quad \frac{d\psi}{d(t,x)} = -\frac{d\psi}{d\eta}\left[\frac{\eta}{a}\frac{da}{d(t,x)} + \frac{1}{a}\frac{dy_0}{d(t,x)}\right] - \frac{d\psi}{d\zeta}\left[\frac{\zeta}{h}\frac{dh}{d(t,x)} + \frac{1}{h}\frac{dz_0}{d(t,x)}\right],$$

et la relation (43) peut s'écrire

$$(45)\quad \left\{\begin{aligned} &\frac{1}{a}\frac{d\psi}{d\eta}\left[v - \left(\frac{dy_0}{dt} + U\varphi\frac{dy_0}{dx}\right) - \eta\left(\frac{da}{dt} + U\varphi\frac{da}{dx}\right)\right] \\ &\quad + \frac{1}{h}\frac{d\psi}{d\zeta}\left[w - \left(\frac{dz_0}{dt} + U\varphi\frac{dz_0}{dx}\right) - \zeta\left(\frac{dh}{dt} + U\varphi\frac{dh}{dx}\right)\right] = 0. \end{aligned}\right.$$

» Cette condition au contour de σ prendra sa forme la plus simple, si l'on adopte comme fonctions à déterminer, au lieu de v et w, les deux expressions entre crochets. Ou mieux encore, nous extrairons de ces deux parenthèses une partie γ ayant respectivement la forme $(a, h)\kappa\frac{d\gamma}{d(\eta,\zeta)}$, avec deux fonctions, l'une, κ, de x et t seuls, l'autre, γ, de η et ζ seuls, à déterminer en vue des plus grandes réductions ultérieures possibles. En un mot, introduisant deux nouvelles inconnues auxiliaires $Ua\lambda$, $Uh\mu$ à la place de v, w, nous poserons

$$(46)\quad \left\{\begin{aligned} v &= \frac{dy_0}{dt} + U\varphi\frac{dy_0}{dx} + \eta\left(\frac{da}{dt} + U\varphi\frac{da}{dx}\right) + \kappa a\frac{d\gamma}{d\eta} + Ua\lambda, \\ w &= \frac{dz_0}{dt} + U\varphi\frac{dz_0}{dx} - \zeta\left(\frac{dh}{dt} + U\varphi\frac{dh}{dx}\right) + \kappa h\frac{d\gamma}{d\zeta} + Uh\mu. \end{aligned}\right.$$

» La relation définie (45) deviendra

$$(47)\qquad \kappa\left(\frac{d\psi}{d\eta}\frac{d\gamma}{d\eta} + \frac{d\psi}{d\zeta}\frac{d\gamma}{d\zeta}\right) + U\left(\frac{d\psi}{d\eta}\lambda + \frac{d\psi}{d\zeta}\mu\right) = 0.$$

» **25.** Choisissons, comme condition au contour destinée à déterminer la fonction jusqu'ici disponible γ, celle qui s'obtient en annulant le coefficient de κ dans (47). A cet effet, considérant γ dans la section *type* ($a = 1$, $h = 1$), où η, ζ seraient les vraies coordonnées absolues $y - y_0$, $z - z_0$, supposons qu'on mène sur chaque élément du contour χ, à partir d'un point intérieur infiniment voisin, une normale $d\nu$. Celle qui aboutira ainsi au point (η, ζ) du contour aura ses deux projections $d\eta$, $d\zeta$ sur les axes proportionnelles aux deux dérivées de ψ en η, ζ figurant dans (47); en sorte que l'annulation du coefficient de χ revient à poser

$$(48) \qquad \frac{d\psi}{ds} = 0 \qquad \text{(le long du contour).}$$

Donc, la condition (47) sera, en λ et μ,

$$(49) \qquad \frac{d\psi}{d\eta}\lambda + \frac{d\psi}{d\zeta}\mu = 0 \qquad \text{(le long du contour).}$$

» **26.** Transportons actuellement les valeurs (46) de v, w dans l'équation de continuité (2), où le second membre aura, vu l'expression $U\varphi + U\alpha$ de u, une première partie, $-\frac{d.U\sigma}{dx}$, que nous transposerons au premier membre. Si nous observons que la dérivée de φ en x a sa formule pareille à (44), et, de plus, que l'aire σ des sections est proportionnelle au produit uh, d'une part, les dérivées de φ s'élimineront du premier membre, ainsi que α, k, et, d'autre part, les termes en φ s'y réduiront immédiatement, en vertu de (21) [p. 16], à $-\frac{\varphi}{\sigma}\frac{d\sigma}{dt}$. En appelant enfin $\Delta_2\gamma$ la somme des deux dérivées secondes directes de γ en η et en ζ, il viendra

$$(50) \qquad \chi\Delta_2\gamma - \frac{1}{\sigma}\frac{d\sigma}{dt}(\varphi - 1) + U\left(\frac{d\lambda}{d\eta} + \frac{d\mu}{d\zeta}\right) = -\frac{d.U\sigma}{dx} = -U\frac{d\sigma}{dx}.$$

» Achevons de déterminer les fonctions χ et γ en annulant la somme des deux premiers termes. Il nous faut, pour cela, rappeler l'expression de $\varphi - 1$, résultant des formules (29) et (30) de mon Étude de l'année dernière ([1]),

$$(51) \qquad \varphi - 1 = \frac{k\sqrt{B_0}}{1 + k\sqrt{B_0}\,\mathfrak{M}F_1}\left[F_1(\eta, \zeta) - \mathfrak{M}F_1\right],$$

expression qui convient tout au moins pour les sections semblables et pour celles qui sont rectangulaires très larges. Nous devrons donc poser

$$(52) \qquad \chi = \frac{k\sqrt{B_0}}{1 + k\sqrt{B_0}\,\mathfrak{M}F_1}\frac{1}{\sigma}\frac{d\sigma}{dt}, \qquad \Delta_2\gamma = F_1(\eta, \zeta) - \mathfrak{M}F_1.$$

» On sait que cette dernière équation indéfinie, jointe à la condition au

([1]) *Comptes rendus*, t. CXXIII, p. 8, ou p. 26 du Mémoire précédent.

contour (48), déterminera complètement en η et ζ la fonction auxiliaire ψ, à une constante près qui disparaît des dérivées de ψ en η, ζ et, par suite, des expressions (46) de v, w.

» Enfin, l'équation (50) de continuité sera, en λ et μ,

$$\frac{d\lambda}{d\eta} + \frac{d\mu}{d\zeta} = -\frac{d\sigma}{dx}. \tag{53}$$

» **27.** A une première approximation, la dérivée de σ en x est *ici* négligeable, comme se trouvant de l'ordre des dérivées secondes de U et σ, tandis que v, w et, par suite, les parties de λ, μ à évaluer actuellement, sont comparables aux dérivées premières des mêmes quantités. L'équation (53) reviendra donc à poser, en introduisant une nouvelle fonction auxiliaire Φ de t, x, η et ζ,

$$\lambda = \frac{d\Phi}{d\zeta}, \qquad \mu = -\frac{d\Phi}{d\eta}. \tag{54}$$

» Alors la condition spéciale (49), où les deux dérivées partielles de ψ en η, ζ sont entre elles comme les deux projections respectives $d\zeta$, $-d\eta$ d'un élément du contour dans la section type ($a = 1$, $h = 1$), deviendra $d\Phi = 0$ (le long de cet élément) et, par suite, $\Phi =$ une constante C sur tout le contour d'une même section, *si* du moins *l'on admet*, comme nous le ferons, que ce contour soit tout d'une pièce, ou *que la section σ n'ait pas à son intérieur de lacune non occupée par le fluide*. Or l'on peut ajouter $-$C à Φ sans modifier les dérivées en η, ζ de cette fonction, ni, par suite, λ, μ. Nous pourrons donc astreindre Φ, dans chaque section en particulier, à vérifier la relation

$$\Phi = 0 \text{ (sur le contour de la section } \sigma\text{)}. \tag{55}$$

» D'ailleurs, cette petite fonction Φ (de l'ordre de grandeur de λ, μ), définie dans chaque section et existant par suite dans toutes, aura sa valeur variable avec x et t, mais assujettie à s'annuler, comme on voit, sur toute la surface limite du cours d'eau.

» **28.** Avant de développer la condition d'intégrabilité (1), qui nous reste comme équation indéfinie pour achever de déterminer Φ, observons que cette fonction Φ sera identiquement nulle dans les deux cas simples : 1° d'un courant à section rectangulaire d'une très grande largeur *constante* $2a$ et de rayon moyen h, cas où χ_0 est une constante et où ψ, F, dépendent uniquement de ζ ; 2° d'un courant *rectiligne* à section circulaire variable (de rayon R), cas où $y_0 = z_0 = 0$, $a = b = \frac{1}{2}R$ et où η, ζ n'entrent dans F_1, ψ que par le rapport, $\varepsilon = \frac{1}{2}\sqrt{\eta^2 + \zeta^2}$, de la distance r à l'axe au rayon R.

» Alors, en effet, le mouvement se faisant dans les plans ou normaux aux y, ou menés suivant l'axe des x, et de la même manière dans tous, v, w sont les produits respectifs d'une même fonction soit de ζ, soit de ε, par zéro et 1, ou par η et ζ; et ce sont par conséquent, dans les deux cas, les dérivées en η et en ζ d'une même fonction, dépendant soit de ζ, soit de ε. En outre, les équations (52) et (48) ne font aussi, par raison de symétrie, dépendre γ que de ζ ou de ε. Dès lors, λ, μ, tirés de (46), apparaissent également comme étant deux telles dérivées, en η et ζ, d'une même fonction soit de ζ, soit de ε. Dans le cas de la section rectangulaire large, λ étant ainsi nul, la première équation (54), combinée avec la condition (55) au contour, donne $\Phi = 0$. Dans le second cas, l'égalité des deux dérivées respectives de λ en ζ et de μ en η entraîne, vu (54), l'équation $\Delta_2\Phi = 0$, revenant bien à $\Phi = 0$ par suite de la condition au contour (55).

» Dans les deux cas si importants dont il s'agit, les petites composantes transversales v, w de la vitesse seront donc complètement représentées, à une première approximation, par les formules (46), prises avec λ, μ nuls, et où α, γ auront les valeurs définies par (48) et (52).

§ XIV. — Leur emploi dans la formation de l'équation du mouvement.

» **29.** Même dans les autres cas, les parties de v, w dépendant de Φ ne donneront, dans la formule de l'accélération longitudinale u', que des termes nuls *en moyenne* sur l'étendue de la section σ, et y restant tels après avoir été multipliés par une puissance quelconque φ^{m-1} de la fonction φ: particularité qui les élimine des équations définitives (17), (18) du mouvement et réduit bien leur importance.

» Formons, en effet, l'expression approchée (41) de u', en substituant à v, w, λ, μ leurs valeurs respectives (46), (54) et aux dérivées de $\varphi(\eta, \zeta)$ les leurs, résultant, par des formules comme (14), des définitions (42) de η, ζ. Il viendra immédiatement

$$(56)\quad u' = \frac{dU}{dt}\varphi + U\frac{dU}{dx}\varphi^2 + U\alpha\left(\frac{d\gamma}{d\eta}\frac{d\varphi}{d\eta} + \frac{d\gamma}{d\zeta}\frac{d\varphi}{d\zeta}\right) + U^2\left(\frac{d\varphi}{d\eta}\frac{d\Phi}{d\zeta} - \frac{d\varphi}{d\zeta}\frac{d\Phi}{d\eta}\right).$$

» Or, si l'on multiplie le dernier terme, dépendant de la fonction Φ, par $\varphi^{m-1}\,d\sigma$, et qu'on intègre dans toute l'aire σ ou plutôt dans l'étendue de la section type ayant η, ζ comme coordonnées $y - y_0$, $z - z_0$, l'intégrale obtenue est (à un facteur constant près), même pour une section autre que la section type,

$$\int\int\left(\frac{d.\varphi^m}{d\eta}\frac{d\Phi}{d\zeta} - \frac{d.\varphi^m}{d\zeta}\frac{d\Phi}{d\eta}\right)d\eta\,d\zeta = \int\int\left[\frac{d}{d\eta}\left(\varphi^m\frac{d\Phi}{d\zeta}\right) - \frac{d}{d\zeta}\left(\varphi^m\frac{d\Phi}{d\eta}\right)\right]d\eta\,d\zeta.$$

» Transformons, à la manière ordinaire, cette intégrale de surface, à parties intégrables une fois, en une intégrale prise le long du contour χ'. L'élément de celle-ci aura évidemment le facteur $\left(\frac{d\Phi}{d\zeta}\cos\beta - \frac{d\Phi}{d\eta}\sin\beta\right)d\chi'$, identique à la différentielle $d\Phi$ prise le long du contour χ' et nulle en vertu de (55).

» Ainsi, la partie de u qui dépend de la fonction Φ a bien son produit par φ^{m-1} nul en moyenne.

» **30.** Quant à la partie précédente, où figure γ, la valeur moyenne de son produit par φ^{m-1} s'obtient aisément, en observant que cette valeur moyenne est celle de $-\frac{U\varkappa\varphi^m}{m}\Delta_2\gamma$. En effet, le produit considéré, ajouté à $\frac{U\varkappa\varphi^m}{m}\Delta_2\gamma$, donne, au facteur près $\frac{U\varkappa}{m}$,

$$\frac{d.\varphi^m}{d\eta}\frac{d\gamma}{d\eta} + \frac{d.\varphi^m}{d\zeta}\frac{d\gamma}{d\zeta} + \varphi^m\Delta_2\gamma = \frac{d}{d\eta}\left(\varphi^m\frac{d\gamma}{d\eta}\right) + \frac{d}{d\zeta}\left(\varphi^m\frac{d\gamma}{d\zeta}\right).$$

» Or, on voit que cette dernière quantité, multipliée par $d\eta\,d\zeta$ et intégrée dans toute l'étendue de la section type, se convertit en une intégrale de contour, à élément nul en vertu de (48). Elle a donc bien zéro pour valeur moyenne; et, comme il résulte, d'autre part, de (51) et (52), ou de l'annulation de l'ensemble des deux premiers termes de (50), que

$$\varkappa\Delta_2\gamma = \frac{1}{\sigma}\frac{d\sigma}{dt}(\varphi - 1),$$

la valeur moyenne considérée devient celle de

$$(57)\qquad -\frac{U}{m\sigma}\frac{d\sigma}{dt}(\varphi^{m+1} - \varphi^m).$$

» Par suite, l'expression (56) de u donne immédiatement, en désignant encore par le symbole $\mathfrak{M}$ la valeur moyenne, sur toute l'étendue σ, de la quantité écrite à la suite.

$$(58)\qquad \mathfrak{M}(\varphi^{m-1}u') = \frac{dU}{dt}\mathfrak{M}.\varphi^{m} + U\frac{dU}{dx}\mathfrak{M}.\varphi^{m+1} - \frac{U}{m\sigma}\frac{d\sigma}{dt}(\mathfrak{M}.\varphi^{m+1} - \mathfrak{M}.\varphi^{m}).$$

» Dans les deux cas où $m = 1$ et où $m = 2$, les valeurs moyennes de φ^{m} et φ^{m+1} sont respectivement celles de φ, φ^2 et φ^3, c'est-à-dire, pour la première, l'unité, et, pour les deux dernières, les quantités que nous avons appelées $1 + \tau$, α, mais réduites tout de suite à leurs valeurs de régime uniforme. Et alors les équations (17), (18) régissant le mouvement graduellement varié, dans lesquelles $(u^2)'$ n'est autre que $2uu'$ ou, sauf erreur négligeable, $2U\varphi u'$, prennent les formes (25), (26) simplifiées, auxquelles nous étions parvenus autrement.

§ XV. — Mouvement transversal tournant, dans un écoulement permanent graduellement varié.

» **51.** L'importance de Ψ se trouvant ainsi très diminuée par le double fait que cette fonction s'annule dans les deux formes les plus intéressantes de section et s'élimine (à une première approximation) des équations définitives du mouvement en I, σ, U, u_0, nous nous contenterons de former l'équation indéfinie en Ψ dans l'hypothèse d'un régime permanent, avec axe hydraulique rectiligne, c'est-à-dire avec $y_0 = 0$ et $z_0 = 0$. Alors les accélérations latérales v', w' se réduisent aux produits des petites dérivées de v, w en x par u ou, très sensiblement, par $U\varphi$. Or les expressions (46) de v, w sont elles-mêmes, vu (54) et la première (52),

$$(59)\qquad v = U\left(\frac{da}{dx}\varphi\eta + a\frac{d\Psi}{d\zeta}\right),\qquad w = U\left(\frac{dh}{dx}\varphi\zeta - h\frac{d\Psi}{d\eta}\right).$$

» Sans les termes en Ψ, le rapport $\frac{w}{v}$ égalerait $\frac{dh}{da}\frac{\zeta}{\eta}$ ou $\frac{a}{h}\frac{dh}{da}\frac{z}{y}$, c'est-à-dire simplement le rapport même $\frac{z}{y}$ des coordonnées correspondantes dans le cas, que l'on a particulièrement en vue, de sections toutes semblables où a et h varient avec x proportionnellement à leurs valeurs. La vitesse transversale résultant de v, w produirait donc un mouvement *centrifuge* ou *centripète* par rapport à l'axe hydraulique ($y = 0$, $z = 0$), mais nullement *rotatoire* autour de celui-ci. Donc la fonction Ψ exprime ce qu'on peut appeler le mouvement transversal *tournant* du fluide. Et, en effet, les parties de v, w qui dépendent de Φ, étant entre elles comme $\frac{d\Phi}{dz}$, $-\frac{d\Phi}{dy}$ (à la traversée de sections semblables), représentent des vitesses dirigées suivant les courbes $\Phi = \text{const.}$, qui entourent bien l'axe hydraulique, puisque la plus extérieure d'entre elles, celle qui a l'équation $\Phi = 0$, se confond avec le contour mouillé de la section.

» La différentiation de v, w *par rapport à* x s'effectuera en ne regardant comme variable, dans chaque terme des expressions (59), que son petit facteur; car tout autre facteur que l'on y ferait varier introduirait à sa place une dérivée très petite, dont le produit par le facteur déjà petit du terme serait de l'ordre des quantités que l'on néglige. Si, pour abréger, nous désignons au moyen d'accents les dérivées en x de a, h et Φ, il viendra, après multiplication par $U\varphi$,

$$(60) \qquad v' = U^2\left(a'\varphi^2\eta + a\varphi\frac{d\Phi'}{d\zeta}\right), \qquad w' = U^2\left(h'\varphi^2\zeta - h\varphi\frac{d\Phi'}{d\eta}\right).$$

» L'équation à former, exprimant l'égalité des deux dérivées de v' en z et de w' en y, sera après suppression du facteur U^2,

$$(61) \qquad \frac{h}{a}\frac{d}{d\eta}\left(\varphi\frac{d\Phi'}{d\eta}\right) + \frac{a}{h}\frac{d}{d\zeta}\left(\varphi\frac{d\Phi'}{d\zeta}\right) = \varphi\left(\frac{2h'}{a}\zeta\frac{d\varphi}{d\eta} - \frac{2a'}{h}\eta\frac{d\varphi}{d\zeta}\right).$$

Ce sera l'équation cherchée en Φ', si l'on y substitue à φ son expression résultant de (51). Il faudra d'ailleurs y joindre la condition définie, déduite de (55),

$$(62) \qquad \Phi' = 0 \quad \text{(le long du contour)}.$$

En effet, Φ s'annulant sur toute la surface enveloppe du fluide, l'on a $d\Phi = 0$, le long du chemin que suit toute particule de la couche superficielle, c'est-à-dire quand, à partir d'un point de la surface, x, y, z croissent de $u\,dt$, $v\,dt$, $w\,dt$. Mais les produits par v, w des dérivées en y, z de la petite quantité Φ sont de l'ordre des termes non linéaires que l'on supprime; et l'équation $d\Phi = 0$ rend ainsi négligeable la dérivée Φ' de Φ en x à la surface limite.

» **32.** Les équations (61), (62) déterminent complètement Φ' quand a, h et, par suite, le second membre de (61) sont censés donnés pour toutes les valeurs de x. Car, si l'on remplace Φ' par $\Phi' + \Phi'_1$, il vient, pour déterminer Φ'_1, la condition $\Phi'_1 = 0$ au contour, avec une équation indéfinie ayant son premier membre pareil à celui de (61), mais zéro comme second membre. Or celle-ci, multipliée par $\Phi'_1\,d\eta\,d\zeta$, puis intégrée dans toute la section après qu'on a remplacé

$$\Phi'_1\frac{d}{d\eta}\left(\varphi\frac{d\Phi'_1}{d\eta}\right),\quad \Phi'_1\frac{d}{d\zeta}\left(\varphi\frac{d\Phi'_1}{d\zeta}\right)\quad\text{par}\quad \frac{d}{d\eta}\left(\Phi'_1\,\varphi\frac{d\Phi'_1}{d\eta}\right)-\varphi\left(\frac{d\Phi'_1}{d\eta}\right)^2,\ \cdots,$$

donne deux termes, intégrables une fois, que réduit à zéro l'annulation de Φ'_1 sur le contour, avec deux autres termes, à somme dès lors nulle,

$$(63)\qquad -\iint\left[\frac{h}{a}\left(\frac{d\Phi'_1}{d\eta}\right)^2+\frac{a}{h}\left(\frac{d\Phi'_1}{d\zeta}\right)^2\right]\varphi\,d\eta\,d\zeta=0.$$

Comme on a évidemment $\varphi>0$ partout, celle-ci, (63), oblige d'annuler les deux dérivées en η et ζ de la fonction Φ'_1, dès lors nulle elle-même à l'intérieur non moins que sur le contour.

» Quand l'intégration du système (61), (62) aura fait connaître Φ', il viendra $\Phi=\int\Phi'\,dx$, valeur déterminée, à une fonction arbitraire près de η, ζ. Or, celle-ci se déterminera elle-même par la condition que Φ s'annule aux endroits où a, h, et, par suite, σ, U deviennent constants : car le régime qu'on étudie est supposé devenir uniforme dès que σ, U ne varient plus; et v, w, Φ même, d'après (59) et (55), se réduisent alors à zéro.

» **33.** Les sections où Φ' s'annulera dans l'état permanent, les seules où, par suite, Φ puisse s'annuler, seront, d'après (61), celles où l'on aura

$$(64)\qquad \frac{1}{aa''\eta}\frac{d\varphi}{d\eta}-\frac{1}{hh''\zeta}\frac{d\varphi}{d\zeta}=0.$$

» L'intégration, immédiate, de cette équation aux dérivées partielles en η, ζ, montre que φ est alors, dans chaque section en particulier, fonction de η, ζ par l'intermédiaire de la variable unique $aa''\eta^2+hh''\zeta^2$. Supposons d'abord que cette fonction ne se réduise pas à une constante, c'est-à-dire, d'après (51), que le coefficient de frottement extérieur B_0 ne soit pas infiniment petit. Alors les courbes $\varphi=$ const., d'égale vitesse dans le régime uniforme, devront donc être des coniques semblables et semblablement placées, à centre commun situé sur l'axe hydraulique ($\eta=0$, $\zeta=0$) du courant, ellipses ou hyperboles suivant que les deux dérivées secondes de a et h en x auront ou n'auront pas même signe.

» On ne connaît, pour les écoulements tourbillonnants étudiés ici, que les deux cas de sections circulaires (ou demi-circulaires) et de sections rectangulaires larges, où les courbes d'égale vitesse dans le régime uniforme soient ainsi des coniques; et même, dans le second cas où φ ne dépend effectivement que de ζ ou de ζ^2, la variable de φ exigée par (64), qu'on peut supposer être $\zeta^2 + \frac{aa''}{hh''}\eta^2$, ne se réduit à ζ^2 que si le produit aa'' égale une fraction négligeable de hh'', c'est-à-dire seulement dans l'hypothèse d'une largeur $2a$ constante (en écartant celle d'une largeur *uniformément* croissante ou décroissante, qui exclurait partout la possibilité d'un régime uniforme). Aussi, dans un canal à largeur très grande, mais variable, les expressions (59) de v, w ne se réduisent pas, en général, à leurs premiers termes, simples, comme on aurait pu l'espérer ([1]).

» Mais il reste le cas extrême de parois assez *polies* pour qu'on puisse écrire approximativement $\varphi = 1$, c'est-à-dire supposer tous les filets fluides à peu près également rapides; cas où l'équation (61), ayant son second membre négligeable, admet pour solution $\Phi' = 0$ et, par suite, $\Phi = 0$. Donc, alors, pour toute forme de section, v, w dépendent linéairement, d'après (59), des coordonnées transversales η, ζ. C'est ce que nous verrons bientôt plus complètement ([2]).

» **34.** Bornons-nous maintenant à la supposition de sections σ toutes semblables, pour laquelle seule, sauf le cas particulier ci-dessus de rectangles larges, a été établie la formule (51) de $\varphi - 1$. Alors, afin d'embrasser aussi ce cas particulier dans lequel a représente la demi-largeur, évitons de poser $a = h$, et admettons seulement que a soit le produit du rayon moyen h par une constante. Le second membre de (61) deviendra plus symétrique en y faisant, comme on le peut évidemment,

$$\frac{3a''}{h} = \frac{3a''}{a}\frac{a}{h} = \left(\frac{a''}{a} + \frac{h''}{h}\right)\frac{a}{h}, \qquad \frac{3h''}{a} = \left(\frac{a''}{a} + \frac{h''}{h}\right)\frac{h}{a}.$$

---

(1) Toutefois, si les courbures des filets fluides, ou les accélérations latérales v', w', devenaient assez petites pour que leur influence s'abaissât à l'ordre de petitesse des termes non linéaires négligés dans notre analyse, tous les résultats basés sur nos équations (1) et surtout (61) seraient évidemment illusoires, la vraie équation en Φ devenant beaucoup plus compliquée.

(2) Dans le cas opposé de parois assez rugueuses (ou d'une valeur de B_1 assez grande) pour annuler u et φ à la paroi comme dans les mouvements bien continus, l'équation (61), développée en effectuant les différentiations indiquées à son premier membre, ne laisse subsister aux parois que les deux termes où figurent les dérivées premières de φ en η, ζ, multipliées par celles de Φ'. L'annulation d'une de ces dernières entraîne donc celle de l'autre; et la condition $\Phi' = 0$, $d\Phi' = 0$, le long du contour, y donne en tous sens $d\Phi' = 0$, puis $\Phi = 0$, au sein de la couche mouillant la paroi. Autrement dit, et vu les formules (59), les deux conditions *distinctes* $v = 0$, $w = 0$ se trouvent d'elles-mêmes vérifiées dans cette couche, comme il le fallait bien physiquement.

» Portons en même temps dans (61) l'expression de φ fournie par (51) et posons enfin

$$(65)\qquad \Phi' = \frac{k\sqrt{B_0}}{1 + k\sqrt{B_0}\,\mathfrak{M}\,F_1}\left(\frac{a''}{a} + \frac{h''}{h}\right)F.$$

» L'équation indéfinie (61) deviendra, en F,

$$(66)\qquad \frac{h}{a}\frac{d}{d\eta}\left[\left(\frac{1}{k\sqrt{B_0}} + F_1\right)\frac{dF}{d\eta}\right] + \frac{a}{h}\frac{d}{d\zeta}\left[\left(\frac{1}{k\sqrt{B_0}} + F_1\right)\frac{dF}{d\zeta}\right] = \left(\frac{1}{k\sqrt{B_0}} + F_1\right)\left(\frac{h}{a}\zeta\frac{dF_1}{d\eta} - \frac{a}{h}\eta\frac{dF_1}{d\zeta}\right),$$

relation où a, h n'entrent que par leurs rapports, indépendants de x; de sorte que x n'y figure pas plus que dans la condition spéciale au contour, devenue $F = 0$. La nouvelle fonction F dépend donc uniquement de η, ζ, du paramètre $k\sqrt{B_0}$ et de la forme de la section. C'est ce que nous spécifierons, en écrivant $F(\eta, \zeta, k\sqrt{B_0})$ au lieu de F.

» Enfin l'équation (65), multipliée par dx et intégrée, donnera pour Φ la même formule que pour Φ', avec simple remplacement de a'', h'' par a', h' : car, dans la différentiation de celle-ci par rapport à x, la mise en compte de la variation des dénominateurs a, h n'introduirait que des termes non linéaires et négligeables. Il n'y aura pas, d'ailleurs, à ajouter une fonction arbitraire de η, ζ, puisque Φ doit tendre vers zéro aux endroits où y tendraient les dérivées a', h'. Et si nous observons que $\frac{a'}{a} + \frac{h'}{h} = \frac{1}{\sigma}\frac{d\sigma}{dx}$, nous aurons la valeur définitive cherchée

$$(67)\qquad \Phi = \frac{k\sqrt{B_0}}{1 + k\sqrt{B_0}\,\mathfrak{M}\,F_1}\,\frac{1}{\sigma}\frac{d\sigma}{dx}\,F(\eta, \zeta, k\sqrt{B_0}).$$

§ XVI. — Mouvement transversal, dans l'écoulement à travers des sections ou rectangulaires d'une grande largeur constante, ou circulaires.

» **35.** Laissant de côté la section rectangulaire à largeur $2a$ variable, calculons v, w, dans l'hypothèse générale d'un mouvement non permanent, pour les trois seuls cas où nous connaissions φ, savoir, ceux de la section soit rectangulaire large (mais avec $2a$ constant), soit circulaire ou demi-circulaire, et celui d'une section de forme quelconque, mais alors avec parois assez polies pour que la différence $\varphi - 1$ soit de l'ordre des quantités dont nous négligeons les carrés et produits.

» Dans les deux premiers cas, Φ, λ, μ étant nuls, il suffit d'obtenir γ par l'équation indéfinie (52), $\Delta_2\gamma = F_1 - \mathfrak{M}F_1$, où F_1 dépend seulement soit de ζ, soit du quotient $\iota = \frac{1}{2}\sqrt{y^2+\zeta^2}$ de la distance r à l'axe par le rayon R, et où, par suite, γ ne dépendra aussi que de ζ ou de ι. On aura donc

$$\text{soit} \quad \frac{d^2\gamma}{d\zeta^2} = F_1 - \mathfrak{M}F_1, \qquad \text{soit} \quad \frac{1}{4\iota}\frac{d}{d\iota}\left(\iota\frac{d\gamma}{d\iota}\right) = F_1 - \mathfrak{M}F_1.$$

» Une intégration presque immédiate en déduit, vu la condition (48) annulant la dérivée première de γ à la limite $\zeta = 1$ ou $\iota = 1$,

$$(68) \quad \frac{d\gamma}{d\zeta} = \int_0^{\zeta}(F_1 - \mathfrak{M}F_1)\,d\zeta \qquad \text{ou} \qquad \frac{d\gamma}{d\iota} = \frac{4}{\iota}\int_0^{\iota}(F_1 - \mathfrak{M}F_1)\,\iota\,d\iota;$$

et les produits de cette expression soit par zéro et 1, soit par $\frac{y}{4\iota}$ et $\frac{z}{4\iota}$, seront les dérivées de γ en y et z, à porter dans les formules (46) de v, w, ou dans celle, (56), de u', où φ est donné par (51). Il vient, par exemple, vu la valeur (52) de z,

$$(69) \quad \begin{cases} u' = \dfrac{dU}{dt}\varphi + U\dfrac{dU}{dx}\varphi^2 \\ \qquad + \left(\dfrac{k\sqrt{B_0}}{1 + k\sqrt{B_0}\,\mathfrak{M}F_1}\right)^2 \dfrac{U}{\sigma}\dfrac{d\sigma}{dt}F_1\left(\displaystyle\int_0^{\zeta}(F_1 - \mathfrak{M}F_1)\,d\zeta, \quad \text{ou} \quad \frac{1}{\iota}\int_0^{\iota}(F_1 - \mathfrak{M}F_1)\,\iota\,d\iota\right). \end{cases}$$

» Il ne reste plus qu'à y effectuer les intégrations, après avoir mis pour F_1, $\mathfrak{M}F_1$, F'_1 leurs valeurs effectives, $\frac{1}{2}(1-\zeta^2)$, $\frac{1}{3}$, $-\zeta$, dans le cas du rectangle large, et $\frac{2}{3}(1-\iota^2)$, $\frac{2}{3}$, $-2\iota^2$ dans le cas du cercle (avec une approximation suffisante).

§ XVII. — Mouvement transversal, dans l'écoulement entre parois polies et à travers des sections d'une même forme quelconque.

» **56.** Lorsque $\varphi - 1$, ou le coefficient $k\sqrt{B_0}$, sont de l'ordre des quantités dont on néglige les carrés et produits, le rapport des vitesses individuelles u à leur moyenne U reste évidemment voisin de 1 dans le régime graduellement varié, même aux endroits et aux instants où un tel régime se détruit ou s'établit *rapidement*, c'est-à-dire quand les dérivées successives de U ou de σ en x et t, *encore* petites, ou *commençant* à l'être, n'ont pas des grandeurs décroissantes à mesure que leur ordre s'élève. En effet, les frottements, même alors, sont la principale cause de l'*inégalité* de vitesse entre les filets fluides et n'agissent pas plus (ou, du moins, pas incomparablement plus) pour l'accroître, quand le régime varie que lorsqu'il est uniforme.

» La différentiation *complète* de u, v, w en t, pour obtenir u', v', w', s'y effectuera en faisant varier t de dt et x de $u\,dt$, ou même de $U\,dt$, mais en laissant constantes y, z; car les dérivées en y, z non seulement de v, w, mais aussi de u, y seront de petits facteurs, comme v, w. On aura, très sensiblement,

$$(70)\quad u' = \frac{du}{dt} + U\frac{du}{dx} = \frac{dU}{dt} + U\frac{dU}{dx}, \qquad (v', w') = \frac{d(v, w)}{dt} + U\frac{d(v, w)}{dx};$$

et la condition d'intégrabilité (1) deviendra

$$(71)\quad \left(\frac{d}{dt} + U\frac{d}{dx}\right)\left(\frac{dv}{dz} - \frac{dw}{dy}\right) = 0, \qquad \text{ou} \qquad \frac{d_c}{dt}\left(\frac{dv}{dz} - \frac{dw}{dy}\right) = 0,$$

équation où le symbole d_c désigne une différentiation *complète* par rapport au temps, effectuée en suivant une même particule fluide dans son mouvement moyen local.

» Donc, d'une part, l'accélération longitudinale u' se calcule sans avoir besoin de connaître v, w. D'autre part, la différence $\frac{dv}{dz} - \frac{dw}{dy}$ reste nulle toujours, dans chaque particule fluide, comme aux moments où le régime est, autour d'elle, uniforme ou très graduellement varié; et v, w sont, à l'intérieur de chaque section normale σ, les dérivées respectives en y, z d'une même fonction.

» D'ailleurs, ϖ étant, comme $\varphi - 1$, constamment voisin de zéro, même quand U et σ changent entre de larges limites, le second membre de (53) continue à être négligeable, alors que v, w ne le sont plus, et les relations (54), (55) subsistent. Enfin, l'on peut, dans les expressions générales (46) de v, w, où tous les termes avaient déjà un petit facteur, réduire φ à l'unité et supprimer les deux termes où figure z, devenu un second petit facteur (de l'ordre de $k\sqrt{B_u}$) d'après (52).

» Alors l'égalité des deux dérivées de v en z et de w en y donne immédiatement, comme équation indéfinie en Φ, que complétera la condition (55) au contour,

$$\frac{h}{a}\frac{d^2\Phi}{d\eta^2} + \frac{a}{h}\frac{d^2\Phi}{d\zeta^2} = 0;$$

et celles-ci, exactement pareilles (vu $\varphi = 1$) aux équations (62) et (61) en Φ', déterminent, comme elles, leur solution, qui est $\Phi = 0$. Les formules (46) donnent donc simplement

$$(72) \quad \left\{ \begin{aligned} v &= \left(\frac{dy_0}{dt} + U\frac{dy_0}{dx}\right) + \left(\frac{da}{dt} + U\frac{da}{dx}\right)\eta, \\ w &= \left(\frac{dz_0}{dt} + U\frac{dz_0}{dx}\right) + \left(\frac{dh}{dt} + U\frac{dh}{dx}\right)\zeta, \end{aligned} \right.$$

valeurs linéaires en η, ζ ou en y, z.

» Ces expressions (72) de v, w, établies sans supposer les dérivées de U et σ de plus en plus petites à mesure que leur ordre s'élève, nous permettront d'aborder l'étude sinon des écoulements *rapidement variés*, du moins de ceux qui *commencent à le devenir* ou qui *cessent de l'être*.

§ XVIII. — Distribution des vitesses à travers des sections semblables, dans les régimes graduellement variés.

» **57**. Connaissant par la formule (56) l'accélération longitudinale u' aux divers points (y, z), ou mieux (η, ζ), d'une section σ, il devient possible d'intégrer le système (10) d'équations déterminant la fonction F_2, dans l'expression générale (8) du mode de distribution des vitesses. Nous savons que cette fonction F_2 s'annule avec le second membre $u' - \mathfrak{M}u'$ de la première (10). Celle-ci étant d'ailleurs linéaire, il est clair que F_2 se composera d'autant de termes qu'en comprend u', et respectivement proportionnels aux facteurs indépendants de η, ζ dans les termes de u'. Vu les équations (51), (52), (48), (67), et enfin (66) combinée avec la condition $\Gamma = 0$ (sur le contour), qui régissent φ, χ, γ, Φ, nous aurons donc, dans toutes les sections semblables, y compris même les sections rectangulaires d'une très grande largeur constante, un résultat de la forme

$$(73) \quad \left\{ \begin{aligned} F_2 = {} & \frac{k\sqrt{B_0}}{1 + k\sqrt{B_0}\,\mathfrak{M}F_1}\left[U\frac{dU}{dx}\frac{\mathfrak{F}(\eta, \zeta, k\sqrt{B_0})}{1 + k\sqrt{B_0}\,\mathfrak{M}F_1} + \frac{dU}{dt}\mathfrak{F}_1(\eta, \zeta)\right] \\ & + \left(\frac{k\sqrt{B_0}}{1 + k\sqrt{B_0}\,\mathfrak{M}F_1}\right)^2\left[\frac{U}{\sigma}\frac{d\sigma}{dt}\mathfrak{F}_2(\eta, \zeta) + U\frac{dU}{dx}\mathfrak{F}_3(\eta, \zeta, k\sqrt{B_0})\right]. \end{aligned} \right.$$

» Les quatre fonctions de η, ζ appelées $\mathfrak{F}$, $\mathfrak{F}_1$, $\mathfrak{F}_2$, $\mathfrak{F}_3$, dont la première et la dernière seules dépendent en outre de $k\sqrt{B_0}$, sont déterminées par les quatre équations indéfinies respectives

$$(74)\quad \left\{\begin{aligned} &\frac{d}{d\eta}\left(\mathrm{F}\frac{d\mathfrak{f}}{d\eta}\right)+\frac{d}{d\zeta}\left(\mathrm{F}\frac{d\mathfrak{f}}{d\zeta}\right)=2(\mathrm{F}_1-\mathfrak{M}\mathrm{F}_1)+k\sqrt{\mathrm{B}_0}(\mathrm{F}_1^2-\mathfrak{M}\mathrm{F}_1^2),\\ &\frac{d}{d\eta}\left(\mathrm{F}\frac{d\mathfrak{f}_1}{d\eta}\right)+\frac{d}{d\zeta}\left(\mathrm{F}\frac{d\mathfrak{f}_1}{d\zeta}\right)=\mathrm{F}_1-\mathfrak{M}\mathrm{F}_1,\\ &\frac{d}{d\eta}\left(\mathrm{F}\frac{d\mathfrak{f}_2}{d\eta}\right)+\frac{d}{d\zeta}\left(\mathrm{F}\frac{d\mathfrak{f}_2}{d\zeta}\right)=\frac{d\mathrm{F}_1}{d\eta}\frac{d\gamma}{d\eta}+\frac{d\mathrm{F}_1}{d\zeta}\frac{d\gamma}{d\zeta}-\mathfrak{M}\left(\frac{d\mathrm{F}_1}{d\eta}\frac{d\gamma}{d\eta}+\frac{d\mathrm{F}_1}{d\zeta}\frac{d\gamma}{d\zeta}\right),\\ &\frac{d}{d\eta}\left(\mathrm{F}\frac{d\mathfrak{f}_3}{d\eta}\right)+\frac{d}{d\zeta}\left(\mathrm{F}\frac{d\mathfrak{f}_3}{d\zeta}\right)=\frac{d\mathrm{F}_1}{d\zeta}\frac{d\Gamma}{d\eta}-\frac{d\mathrm{F}_1}{d\eta}\frac{d\Gamma}{d\zeta}-\mathfrak{M}\left(\frac{d\mathrm{F}_1}{d\zeta}\frac{d\Gamma}{d\eta}-\frac{d\mathrm{F}_1}{d\eta}\frac{d\Gamma}{d\zeta}\right), \end{aligned}\right.$$

et, en outre, par les conditions définies communes

$$(75)\quad \left\{\begin{aligned} &\mathrm{F}\frac{d(\mathfrak{f},\mathfrak{f}_1,\mathfrak{f}_2,\mathfrak{f}_3)}{dn}=0\ \text{(au contour)},\\ &(\mathfrak{f},\mathfrak{f}_1,\mathfrak{f}_2,\mathfrak{f}_3)=0\ \text{(au milieu du fond)}. \end{aligned}\right.$$

» Toutefois, la partie en $\mathfrak{f}_3$ de la formule (73), celle qu'introduit la fonction Φ (ou la fonction Γ) et qui serait nulle dans les cas des deux sections circulaire (ou demi-circulaire) et rectangulaire d'une grande largeur constante, n'est donnée que pour le mouvement permanent, auquel nous nous sommes bornés dans le calcul de Φ; et c'est pourquoi nous avons pu, le débit $\mathrm{U}\sigma$ étant alors constant, y remplacer le facteur $-\frac{\mathrm{U}^2}{\sigma}\frac{d\sigma}{dx}$ par $\mathrm{U}\frac{d\mathrm{U}}{dx}$, de manière à faire rentrer ce terme dans le type de celui d'entre les termes précédents que n'annule pas l'hypothèse de la permanence, et qui est le terme en $\mathfrak{f}$.

» **38.** La formule (11), caractéristique du mode de distribution des vitesses, deviendra donc, si l'on y substitue à u_0, dans les petits termes, le quotient de U par $1+k\sqrt{\mathrm{B}_0}\,\mathfrak{M}\mathrm{F}_1$, et sauf toujours la même restriction quant au terme en $\mathfrak{f}_3$,

$$(76)\quad \left\{\begin{aligned} \frac{u}{u_0}=1+k\sqrt{\mathrm{B}_0}\,\mathfrak{M}\mathrm{F}_1&+\frac{k^2}{g}\frac{\sigma}{\chi}\frac{1}{\mathrm{U}^2}\left[\mathrm{U}\frac{d\mathrm{U}}{dx}\mathfrak{f}(\eta,\zeta,k\sqrt{\mathrm{B}_0})+(1+k\sqrt{\mathrm{B}_0}\,\mathfrak{M}\mathrm{F}_1)\frac{d\mathrm{U}}{dt}\mathfrak{f}_1(\eta,\zeta)\right]\\ &+\frac{k^2\sqrt{\mathrm{B}_0}}{g}\frac{\sigma}{\chi}\frac{1}{\mathrm{U}^2}\left[\frac{\mathrm{U}}{\sigma}\frac{d\sigma}{dt}\mathfrak{f}_2(\eta,\zeta)+\mathrm{U}\frac{d\mathrm{U}}{dx}\mathfrak{f}_3(\eta,\zeta,k\sqrt{\mathrm{B}_0})\right]. \end{aligned}\right.$$

» Dans les cas particuliers de sections rectangulaires d'une grande largeur constante et de sections circulaires ou demi-circulaires, l'on a $\mathfrak{f}_3=0$, les valeurs de $\mathfrak{f}$, $\mathfrak{f}_1$, $\mathfrak{f}_2$ se calculent aisément par les équations (74) et (75), où F_1 et γ ont les valeurs indiquées plus haut (p. 40), avec F égal soit à 1, soit à l'inverse de ε; et l'on obtient ainsi, pour le rapport de u à u_0, les expressions données aux §§ IX, X, XXVI et XL de mon *Essai sur la théorie des eaux courantes* (p. 90, 94, 246, 266, et 516 à 520) (¹).

§ XIX. — Équation du mouvement graduellement varié, aux degrés d'approximation supérieurs.

» **39.** Le second membre de (76), divisé par sa valeur moyenne aux divers points d'une section σ, donnera le rapport $\varphi + \varpi$ de u à U. On formera son excédent sur l'expression de φ résultant de (51); et cet excédent, réduit à sa partie linéaire par rapport aux trois petites dérivées premières de U en x et de U et σ en t, sera la fonction ϖ dans sa partie de première approximation, ou abstraction faite d'écarts comparables aux dérivées d'ordre supérieur de U et σ. On pourra donc évaluer les petits excès respectifs $2\varphi\varpi$, $3\varphi^2\varpi$ du carré et du cube de $\varphi + \varpi$ sur ceux de φ; et leurs valeurs moyennes dans toute l'étendue σ, savoir $\mathfrak{M}(2\varphi\varpi)$, $\mathfrak{M}(3\varphi^2\varpi)$, seront les petites parties variables des coefficients $1 + \eta$ et α, réduites à leurs termes principaux ou affectés des dérivées premières de U et σ. Ce qui s'y trouve ainsi négligé, étant d'un ordre supérieur au premier, aura ses dérivées en x ou en t d'un ordre supérieur au second et, par suite, négligeable, même à une deuxième approximation des lois du mouvement graduellement varié.

» Il suit de là qu'il suffira, à une deuxième approximation, de substituer dans (25) et (26), aux dérivées de η et α qui y figurent, les dérivées analogues des expressions trouvées pour $\mathfrak{M}(2\varphi\varpi)$ et pour $\mathfrak{M}(3\varphi^2\varpi)$. C'est ainsi que, dans le cas d'un cours d'eau à section rectangulaire d'une grande

(¹) On trouve, dans le cas de la section rectangulaire large,

$$\mathcal{F} = -\frac{1}{12}(1-\zeta^2)^2 - \frac{k\sqrt{B}}{40}\left(1 - \frac{7}{3}\zeta^2 + \frac{5}{3}\zeta^4 - \frac{1}{3}\zeta^6\right), \qquad \mathcal{F}_1 = -\frac{1}{24}(1-\zeta^2)^2 = -\frac{1}{6}F_1^2,$$

$$\mathcal{F}_2 = -\frac{1}{360}(1 - 4\zeta^2 + 5\zeta^4 - 2\zeta^6),$$

et, dans le cas de la section circulaire, où $\mathcal{F}$, $\mathcal{F}_1$, $\mathcal{F}_2$ ne sont évidemment fonction de y, ζ que par l'intermédiaire de r,

$$\mathcal{F} = -\frac{8}{45}(1-r^2)^3 - \frac{2k\sqrt{B}}{9.45}(14 - 33r^2 + 24r^4 - 5r^6), \qquad \mathcal{F}_1 = -\frac{4}{45}(1-r^2)^3 = -\frac{1}{5}F_1^2,$$

$$\mathcal{F}_2 = -\frac{2}{9.75}(2 - 9r^2 + 12r^4 - 5r^6).$$

largeur constante, l'on arrivera le plus simplement possible à l'équation de deuxième approximation du mouvement, qui porte le n° 367 dans mon *Essai sur la théorie des eaux courantes* (§ XXXVI, p. 437) et dont dépend la déformation plus ou moins rapide des ondes descendantes ou ascendantes (de courbure sensible) le long d'un tel courant (¹).

» **40.** La différentiation en x de la valeur trouvée de ϖ fera de même connaître, avec erreur comparable aux dérivées troisièmes seulement de U et σ, le second membre de l'équation (53), dans sa partie principale, ou du deuxième ordre de petitesse ; et l'on pourra, dès lors, aborder le calcul de λ, ρ, v, w, u', F_2, ϖ, $1+\eta$, α pour les termes de cet ordre. Dans les deux cas de la section rectangulaire d'une grande largeur constante et circulaire ou demi-circulaire, v, w continuent évidemment à être les dérivées en y, z d'une même fonction ou de ζ ou de r ; et les calculs n'offrent guère d'autre difficulté que leur excessive longueur, comme on peut en juger par la partie citée ci-dessus de mon *Essai sur la théorie des eaux courantes* (§ XXXVI). Je les y ai effectués, dans le premier de ces cas, pour arriver à l'équation (n° 367) citée ci-dessus, avant d'avoir découvert le procédé qui la déduit de (25).

» Quand on emploie ces calculs pour former $1+\eta$, α et l'équation du mouvement à une troisième approximation, là où ils sont généralement indispensables, il ne faut pas oublier que les équations (25) et (26) doivent être complétées, comme on l'a vu au début de cette Étude, par un terme provenant de ce que la pression moyenne p ne varie plus alors hydrostatiquement dans l'étendue d'une même section σ. A partir de l'axe hydraulique où l'on se donne $p = p_0$, p s'accroît, en effet, du terme

$$(77)\qquad -\rho\int_{y_0,z_0}^{y,z}(v'dy + w'dz) = -\rho\int_{0,0}^{r,\zeta}(av'dr + bw'd\zeta).$$

» Au terme $\frac{u'}{g}$ de la première équation indéfinie du mouvement $\left(\text{où } u' \text{ et } p \text{ entrent par l'expression } \frac{u'}{g} + \frac{1}{\rho g}\frac{dp}{dx}\right)$, il vient donc s'adjoindre, quand on élimine de cette équation la dérivée de p en x divisée par ρg,

(¹) Voir aussi les *Additions à l'Essai sur la théorie des eaux courantes*, p. 35, au Tome suivant XXIV du *Recueil des Savants étrangers*.

l'expression

$$(78)\quad -\frac{1}{g}\frac{d}{dx}\int_{y_0,z_0}^{Y,Z}(v'\,dy + w'\,dz) = -\frac{1}{g}\int_{0,0}^{\eta,\zeta}\left(a\frac{dv'}{dx}d\eta + h\frac{dw'}{dx}d\zeta\right).$$

» On a pu la différentier sous le signe $\int$ et même n'y différentier que le facteur déjà petit v' ou w', car les dérivées en x des limites soit inférieures y_0, z_0, soit supérieures η, ζ, ou celles de a, h, ne donneraient, multipliées par les petites fonctions v' ou w', que des produits négligeables.

» Par suite, dans nos équations (3), (5), (7), (10), (13), (14), (16), (17), (18), u', partout où il figure, se trouve accru du produit de (78) par g, et $(u^2)'$, c'est-à-dire $2U\varphi u'$, se trouve lui-même accru du produit de $2U\varphi$ par (78) et par g. Donc, le second membre de l'équation définitive (18) ou (25) du mouvement devra être complété, en y ajoutant le terme

$$(79)\qquad -\frac{1}{g}\mathfrak{M}\left[(2\varphi - 1)\int_{0,0}^{\eta,\zeta}\left(a\frac{dv'}{dx}d\eta + h\frac{dw'}{dx}d\zeta\right)\right],$$

où il suffira d'évaluer à une première approximation, par les formules (46) de v, w, les très petites accélérations transversales v', w'.

§ XX. — Passage d'un régime graduellement varié à un régime rapidement varié, ou *vice versa*.

» **41.** La longueur des calculs et surtout la complication des résultats seraient des plus rebutantes, si l'on ne se bornait au cas de parois assez polies, ou d'un coefficient B_0 de frottement extérieur assez faible, pour réduire au premier ordre de petitesse la différence $\varphi - 1$ et aussi, d'après (76), les inégalités relatives de vitesse des filets fluides à l'état de régime varié, où elles sont exprimées par $\varphi + \varpi - 1$. Alors, d'une part, $(\varphi + \varpi)^2$ et $(\varphi + \varpi)^3$ sont très sensiblement $1 + 2(\varphi + \varpi - 1)$ et $1 + 3(\varphi + \varpi - 1)$. Leurs valeurs moyennes ne se distinguent donc plus de 1 ; ce qui réduit le second membre de (25) à ses trois premiers termes, où, même, les coefficients $2\alpha - 1 - \eta$ et $1 + 2\eta$ deviennent l'unité. D'autre part, les composantes transversales v, w de la vitesse admettent les expressions simples (72), qui donnent, sous une forme symbolique et abrégée, mais évidente, dans laquelle U se comporte comme un facteur constant et η, ζ comme des facteurs indépendants de x et t,

$$(80)\qquad \frac{d(v^2, w^2)}{dx} = \left(\frac{d}{dt} + U\frac{d}{dx}\right)^2 \left[\left(\frac{dy_0}{dx} + \eta\frac{da}{dx}\right)^2, \left(\frac{dz_0}{dx} + \zeta\frac{dh}{dx}\right)\right].$$

» Le terme complémentaire (79), à joindre au second membre de (25), devient donc

$$(81)\qquad -\frac{1}{g}\left(\frac{d}{dt} + U\frac{d}{dx}\right)^2 \mathfrak{M}\left[a\left(\frac{dy_0}{dx}\eta + \frac{da}{dx}\frac{\eta^2}{2}\right) + h\left(\frac{dz_0}{dx}\zeta + \frac{dh}{dx}\frac{\zeta^2}{2}\right)\right].$$

» Par exemple, dans les deux cas : 1° d'un canal rectangulaire de largeur $2a$ où η varie de -1 à 1 et, ζ, de zéro à 1 ; 2° d'un tuyau circulaire où $y_0 = z_0 = 0$, $a = h = \frac{1}{2}R$, et où le rapport $s = \frac{1}{2}\sqrt{\eta^2 + \zeta^2}$ de la distance r à l'axe au rayon R varie de zéro à 1, ce terme (81) devient respectivement

$$(82)\qquad -\frac{1}{g}\left(\frac{d}{dt} + U\frac{d}{dx}\right)^2 \left[\left(\frac{a}{2}\frac{dy_0}{dx} + \frac{h}{2}\frac{dz_0}{dx} + \frac{a}{6}\frac{da}{dx} + \frac{h}{6}\frac{dh}{dx}\right), \frac{R}{4}\frac{dR}{dx}\right].$$

» S'il s'agit, en particulier, d'un canal rectangulaire de largeur constante, y_0 et a sont constants, la dérivée de z_0 en x est l'excédent de la petite pente actuelle I de surface sur la pente constante de l'axe des x ; et le terme (82) devient aisément

$$(83)\qquad -\frac{h}{2g}\left(\frac{d}{dt} + U\frac{d}{dx}\right)^2 \left(I + \frac{1}{3}\frac{dh}{dx}\right).$$

» **42.** Par l'adjonction du terme (81), (82) ou (83) au second membre de l'équation (25) et la réduction de $1 + \varepsilon$, à l'unité dans ce second membre, on rendra l'équation (25) applicable à un régime qui *devient* ou qui *cesse d'être rapidement* varié, ou, encore, qui se maintient, sur des longueurs notables, voisin d'un régime graduellement varié ; c'est-à-dire, en un mot, à tout régime où les dérivées de ε et U en x ou t sont petites, mais sans décroître de plus en plus à mesure que leur ordre s'élève. La première formule (70) et les formules (72) employées dans la démonstration ne sont basées, en effet, de même que les transformations opérées ci-dessus, que sur l'hypothèse de la quasi-égalité relative de vitesse des filets fluides et sur la petitesse commune des dérivées de U et ε.

» Dans le cas particulier d'un canal rectangulaire de largeur constante pour lequel a été obtenue l'expression (83), il suffit d'observer que la pente I de surface égale la pente (constante ou variable) i de fond, moins la dérivée de h en x, pour rendre cette expression (83) identique au dernier terme d'une équation (482) donnée pour le même cas dans mon *Essai sur la théorie des eaux courantes* (p. 524). On peut voir aux §§ XX à XXV de cet *Essai* comment l'adjonction du terme dont il s'agit à l'équation du mouvement permet d'étudier l'état permanent d'un cours d'eau, soit aux points où un régime *graduellement* varié se détruit ou s'établit, comme, par exemple, au pied et au sommet des *ressauts* brusques ou ondulés, soit aux endroits où le fond présente des ondulations longitudinales régnant sur toute la largeur, qui se répercutent plus ou moins à la superficie, etc.

» Dans tous ces cas, l'équation du mouvement *permanent* est

$$\mathrm{I} + \frac{h^2}{2}\frac{\mathrm{U}^2}{gh}\frac{d^2\mathrm{I}}{dx^2} = b\frac{\mathrm{U}^2}{h} + \frac{d}{dx}\left(\frac{\mathrm{U}^2}{2g}\right) + \frac{h^2}{6}\frac{d^3}{dx^3}\left(\frac{\mathrm{U}^2}{2g}\right).$$

On le voit en prenant le terme complémentaire sous sa forme (83), mais en y substituant à la petite dérivée $\frac{dh}{dx}$ (vu la constance du débit $\mathrm{U}h$ de l'unité de largeur du lit) l'expression $-\frac{h}{\mathrm{U}}\frac{d\mathrm{U}}{dx} = -\frac{h}{\mathrm{U}^2}\frac{d}{dx}\left(\frac{\mathrm{U}^2}{2}\right)$. Et elle devient

$$i + \frac{h^2}{2}\frac{\mathrm{U}^2}{gh}\frac{d^2 i}{dx^2} = b\frac{\mathrm{U}^2}{h} + \frac{dh}{dx} + \frac{d}{dx}\left(\frac{\mathrm{U}^2}{2g}\right) - \frac{h^2}{3}\frac{d^3}{dx^3}\left(\frac{\mathrm{U}^2}{2g}\right),$$

quand on en élimine, comme il vient d'être dit, la pente I de surface. La première forme convient surtout pour les courants sans courbure sensible de superficie, où l'on peut supposer nulle la dérivée seconde de I en x : c'est le cas habituel des grands cours d'eau. La seconde forme donne l'équation différentielle en x des variations de la profondeur h, dès qu'on met pour U le quotient, par h, du débit q de l'unité de largeur.

» Ces formules s'appliquent même sans que le fond ait besoin d'être très poli ; car on n'a négligé dans leur établissement que les *carrés* et *produits* des inégalités de vitesse ou d'autres petits facteurs (¹).

(¹) *Équation plus approchée d'un régime pseudo-uniforme.* — La possibilité d'employer ainsi l'équation de mouvement obtenue, même sans avoir à supposer extrêmement petit le coefficient B de frottement extérieur, se démontre simplement dans un cas particulier digne de remarque. C'est celui du régime que j'ai appelé *pseudo-uniforme*, parce que la vitesse moyenne U et la profondeur h y sont constantes, les filets fluides, quoique courbes, s'y trouvant parallèles entre eux à la traversée de toutes les sections. Il se produit quand, sur une grande longueur, le fond, coupé de sillons transversaux régnant d'un bord à l'autre, affecte une forme sinusoïdale, d'une

§ XXI. — Du régime permanent graduellement varié qui se produit à l'entrée ou plutôt dans la première partie amont des tuyaux.

» **43.** Considérons enfin le régime permanent varié, très spécial, qui a été l'occasion de l'étude actuelle, savoir, celui qui se produit dans la partie amont d'un long tuyau rectiligne, après l'épanouissement des filets fluides consécutif à la rapide contraction de l'entrée, et qui sert de transition au régime uniforme existant ensuite sur toute la longueur. Dans cette ques-

---

longueur complète d'ondulation égale à $2\pi h \frac{U}{\sqrt{2gh}}$ (*Essai sur la théorie des eaux courantes*, p. 233).

Dans ce régime pseudo-uniforme, par le fait même qu'il est supposé voisin d'un régime graduellement varié, la distribution des vitesses à travers les sections ne diffère pas beaucoup de celle qu'exprime la formule (76), d'ailleurs réduite à celle d'un régime uniforme par les hypothèses $\frac{d(U, \sigma)}{d(t, x)} = 0$. Le rapport $\frac{u}{U}$ y est donc sensiblement φ, et $1+\eta$, η_1 ne différant nulle part beaucoup des valeurs moyennes constantes de φ^2, φ^3, ont leurs dérivées négligeables dans l'équation (25), dont le second membre est ainsi réduit à $bU^2\frac{\chi}{\sigma}$, c'est-à-dire à $b\frac{U^2}{h}$. Il ne reste donc qu'à évaluer son terme complémentaire (79).

A cet effet, rappelons que les filets fluides sont supposés, dans tout plan vertical longitudinal, parallèles, de la surface au fond : le rapport $\frac{w}{u}$ reçoit donc partout sa valeur relative au fond, savoir $i - c$, où i, c sont les deux angles que le profil longitudinal du lit et l'axe des x positifs font respectivement avec le plan de l'horizon, au-dessous de celui-ci. On a ainsi

$$w = (i - c)\,u = (i - c)\,U\varphi, \qquad \frac{dw}{dx} = U\frac{di}{dx}\varphi,$$

et, par suite, vu la suppression permise du terme $w\frac{dw}{dz}$ non linéaire en w,

$$w' = u\frac{dw}{dx} = U^2\frac{di}{dx}\varphi^2, \qquad \frac{dw'}{dx} = U^2\frac{d^2 i}{dx^2}\varphi^2.$$

Le terme complémentaire (79) devient donc (c' étant nul)

$$-\frac{hU^2}{g}\frac{d^2 i}{dx^2}\int_0^1 (2\varphi - 1)\left(\int_0^\zeta \varphi^2 d\zeta\right) d\zeta.$$

L'hypothèse simplificatrice de l'égalité de vitesse de tous les filets fluides, faite dans

tion, le changement des vitesses u avec l'abscisse x des sections σ n'est plus amené par des variations de σ ou de la vitesse moyenne U, puisque σ et U sont constants; et tous les termes qui prédominaient jusqu'ici dans nos équations, parmi ceux qu'introduit la non-uniformité du régime, s'effacent, pour laisser le premier rôle à d'autres beaucoup plus complexes. Nos démonstrations et nos formules subsistent, il est vrai, sans modification, jusqu'à (25) et (26) inclusivement; mais les seconds membres de celles-ci perdent leurs termes affectés des dérivées de U et de σ, c'est-à-dire justement ceux que la simple connaissance des lois du régime uniforme permettait d'évaluer; et, par exemple, l'équation (25), formule générale

---

le calcul du terme complémentaire (83), a donc eu simplement pour effet de donner à ce terme le coefficient numérique $\frac{1}{2}$, au lieu du coefficient plus compliqué

$$\int_0^1 (2\varphi - 1)\left(\int_0^\zeta \varphi^2 d\zeta\right) d\zeta,$$

qu'il aurait eu sans cela et qui se réduit bien à $\frac{1}{2}$ quand on prend $\varphi = 1$.

Or on a, d'après (36),

$$\varphi = 1 + \frac{k}{2}\sqrt{b}\left(\frac{1}{3} - \zeta^2\right), \qquad \int_0^\zeta \varphi^2 d\zeta = \zeta + \frac{k\sqrt{b}}{3}(\zeta - \zeta^3) + \frac{k^2 b}{180}(5\zeta - 10\zeta^3 + 9\zeta^5),$$

et, par suite, tous calculs faits,

$$\int_0^1 (2\varphi - 1)\left(\int_0^\zeta \varphi^2 d\zeta\right) d\zeta = \frac{1}{2}\left(1 + \frac{k^2 b}{5.12} - \frac{k^3 b\sqrt{b}}{36.12}\right).$$

Mais on voit, par les formules (36) et (37), que

$$k\sqrt{b} = 6\left(\frac{u_m}{U} - 1\right) = 3\sqrt{5\eta},$$

ce qui, en doublant d'ailleurs, pour plus de simplicité, le résultat obtenu, donne enfin

$$2\int_0^1 (2\varphi - 1)\left(\int_0^\zeta \varphi^2 d\zeta\right) d\zeta = 1 + \frac{3\eta}{4} - \frac{5\eta\sqrt{5\eta}}{16} = 1 + \frac{3\eta}{4}\left(1 - \frac{5}{12}\sqrt{5\eta}\right).$$

Le coefficient $\frac{1}{2}$ attribué au terme complémentaire devrait donc être accru de la fraction $\frac{3\eta}{4}\left(1 - \frac{5}{12}\sqrt{5\eta}\right)$ de sa valeur. Or, cette fraction se trouve comprise entre $\frac{3}{4}\eta$ et $\frac{21}{48}\eta$; car, vu la valeur de $\sqrt{b}$ donnée par la première formule (37) (p. 33) de mon Étude de l'année dernière sur le régime uniforme, on aura toujours $k\sqrt{b} < 3$ et, par suite, $\sqrt{5\eta} < 1$, $1 - \frac{5}{12}\sqrt{5\eta} > \frac{7}{12}$. La fraction dont il s'agit, toujours positive, sera donc moindre que $\frac{3}{4}\eta$ en valeur relative, c'est-à-dire seulement de l'ordre de 0,01 et insignifiante, sauf peut-être dans quelques cours d'eau à lit extrêmement rugueux.

du mouvement, devient (vu d'ailleurs la permanence admise)

$$(84)\qquad I = bU^2\,\frac{\chi}{\sigma} + \frac{U^2}{g}\,\frac{d(\alpha - 1 - \eta)}{dx}.$$

» **44.** Toutefois, celle-ci n'est pas entièrement suffisante aux faibles distances de l'entrée du tuyau ; car, à partir de la formule (15), nous avons supposé petites non seulement, comme la définition même de la graduelle variation du régime nous avait déjà autorisé à le faire, l'accélération longitudinale u', les vitesses transversales v, w et surtout les accélérations correspondantes v', w', mais aussi la différence entre le mode effectif de distribution des vitesses que définit, par exemple, le rapport $\varphi + \varpi$ de u à U, dans la section considérée, et le mode de distribution propre au régime uniforme, exprimé de même par φ. Or la petitesse de u' entraîne bien, d'après le système (10), celle de F_2, mais non, dans la formule (11), celle du terme en F_1, à cause du petit dénominateur $\sqrt{B_0}$ et du numérateur assez grand k figurant dans le coefficient de ce terme. Il est donc possible, en général, que, malgré la graduelle variation de l'écoulement, le rapport de u à u_0 donné par (11) et, par suite, celui, $\varphi + \varpi$, de u à U, s'écartent très notablement de ce qu'ils sont dans le régime uniforme, savoir, de φ pour le dernier rapport et de $\frac{\varphi}{\varphi_0}$ pour le premier, φ_0 désignant la valeur de φ au milieu du fond, là où $u = u_0$. Ainsi, ne regardons plus comme petite la fonction ϖ, ni, par suite, sa valeur ϖ_0 au milieu du fond, valeur qui est

$$(85)\qquad \varpi_0 = \frac{u_0}{U} - \varphi_0 = \frac{u_0}{U} - \sqrt{\frac{b}{B_0 \mathfrak{M} f}}$$

(vu l'égalité $B_0 u_0^2 \mathfrak{M} f = bU^2$ dans le régime uniforme); et nous aurons, en multipliant (85) par $U\sqrt{B_0 \mathfrak{M} f}$,

$$(86)\qquad \sqrt{B_0 u_0^2 \mathfrak{M} f} - \sqrt{bU^2} = \sqrt{B_0 \mathfrak{M} f}\,U\varpi_0.$$

» La différence des deux premiers termes de (16) sera donc comparable à chacun d'eux, et l'on ne pourra plus, dans (15), négliger devant l'unité le carré du second terme entre crochets ; mais on pourra substituer partout à F_1, dans ce terme, d'après la signification même, que définit (8), de F_1, le rapport de $\varphi - \varphi_0$ à $\varphi_0 k \sqrt{B_0}$, ou mieux de $\sqrt{\mathfrak{M} f}\,(\varphi - \varphi_0)$ à $k\sqrt{b}$.

» La formule (15), multipliée par $u_0\sqrt{b}$, sera identiquement

$$(87)\qquad \sqrt{bU^2} = \sqrt{B_0 u_0^2 \mathfrak{M} f} - \frac{1}{\sqrt{B_0 u_0^2 \mathfrak{M} f}}\,\frac{\sigma}{\chi}\,\frac{\mathfrak{M}(\varphi u' - u')}{g}.$$

» Celle-ci, comparée à (86), montre que le dernier terme de (87) égale, au signe près, $\sqrt{B_0 \mathfrak{M} f}\, U \varpi_0$.

» Alors, la relation (87), élevée au carré, donnera, pour tenir lieu de (16),

$$(88)\qquad B_0 u_0^2 \mathfrak{M} f = b U^2 + 2\frac{\sigma}{\chi}\,\frac{\mathfrak{M}(\varphi u' - u')}{g} - (B_0 \mathfrak{M} f) U^2 \varpi_0^2.$$

» Au second membre, φ peut d'ailleurs, identiquement, être remplacé par le rapport de $u - U\varpi$ à U et non plus simplement, comme on avait fait dans (16), par celui de u à U ; ce qui ajoute à $\mathfrak{M}(2uu')$, qui était la valeur approchée de $2U\mathfrak{M}(\varphi u')$, la correction $2U\mathfrak{M}(-\varpi u')$. A la fin de la formule (17), il faudra donc ajouter l'expression

$$(89)\qquad \frac{2}{g}\frac{\sigma}{\chi}\mathfrak{M}(-\varpi u') - (B_0 \mathfrak{M} f) U^2 \varpi_0^2.$$

» Par suite, cette expression se retrouvera en plus, divisée par le rayon moyen, dans les formules (18), (25) de la pente motrice I.

§ XXII. — Hauteur motrice qu'y dépense l'établissement du régime uniforme.

» 43. L'équation (84) du mouvement, ainsi complétée, devient

$$(90)\quad I = bU^2\frac{\chi}{\sigma} + \frac{U^2}{g}\frac{d(\alpha - 1 - \eta)}{dx} + \frac{2}{g}\mathfrak{M}(-\varpi u') - (B_0 \mathfrak{M} f)\frac{\chi}{\sigma} U^2 \varpi_0^2.$$

» La *hauteur motrice* totale $\int I\,dx$ dépensée entre deux sections, abaissement, entre elles, tant de l'axe hydraulique que de la pression sur cet axe (mesurée en hauteur du fluide), comprend donc quatre parties : 1° celle qui provient du terme en b ou qu'absorbe le frottement ordinaire de régime uniforme ; 2° une autre, positive comme la précédente et également notable, $\frac{U^2}{g}\int d(\alpha - 1 - \eta)$ ou sensiblement $2\frac{U^2}{g}\int d\eta$ (vu $\alpha = 1 + 3\eta$ à peu près), employée à accroître les inégalités de vitesse des filets fluides et simplement proportionnelle à l'augmentation du coefficient $\alpha - 1 - \eta$ entre les deux sections considérées ; 3° et 4°, enfin, deux petites parties,

$$(91)\qquad \frac{2}{g}\int \mathfrak{M}(-\varpi u')\,dx, \qquad -(B_0 \mathfrak{M} f)\frac{\chi}{\sigma} U^2 \int \varpi_0^2\,dx,$$

du second ordre de petitesse comme les produits $-\varpi u'$, ϖ_0^2, sauf sur une faible longueur près de l'entrée, où la fonction ϖ est comparable à $\varphi - 1$, l'inégalité des vitesses n'y étant encore qu'ébauchée. La dernière (91) est évidemment négative, comme $-\varpi_0^2$. Quant à la précédente, elle est positive. En effet, d'une part, les filets périphériques, d'abord trop rapides, ou pour lesquels ϖ est positif, se ralentissent et ont leur accélération u' négative, tandis que, d'autre part, les filets voisins de l'axe et pour lesquels ϖ est négatif, s'accélèrent : le produit $-\varpi u'$ est donc positif dans presque toute la section et a sa valeur moyenne positive.

» Si, pour prendre le cas le plus simple, on suppose l'entrée du tuyau assez bien évasée pour que les filets fluides soient sensiblement parallèles dès l'origine de sa partie prismatique ou cylindrique, la formule de D. Bernoulli leur attribuera à cet endroit, comme on sait, la vitesse commune, U, *due* à la hauteur motrice dès lors dépensée à partir des points du réservoir d'admission où le fluide est en repos. On y aura donc $\alpha - 1 - \eta = 0$. Et, par suite, *la hauteur motrice totale dépensée*, depuis le réservoir jusqu'aux points où régnera le régime uniforme, *pour établir ce régime*, ou en sus de ce qu'y absorbera le frottement ordinaire de régime uniforme, sera

$$(92)\quad \frac{U^2}{g}\left[\frac{1}{2} + (\alpha - 1 - \eta) + \frac{2}{U^2}\int_0^\infty \mathfrak{M}(-\varpi u')\,dx - gB_0(\mathfrak{M}f)\frac{\chi}{\sigma}\int_0^\infty \varpi_0^2\,dx\right].$$

» Les coefficients $1 + \eta$, α y désignent les valeurs moyennes de φ^2 et φ^3; autrement dit, ils se rapportent à la limite supérieure des intégrations, ou aux sections σ dans lesquelles le *régime uniforme* existe. L'abscisse x de celles-ci, comptée à partir de l'origine du tuyau prismatique ou cylindrique, peut d'ailleurs être supposée infinie, les fonctions sous les signes $\int$ de (92) y tendant asymptotiquement et assez rapidement vers zéro.

§ XXIII. — Équations qui y régissent le mode de distribution des vitesses.

» **46.** Abstraction faite des éléments les plus voisins de la limite $x = 0$, d'une somme probablement insignifiante, les deux intégrales que contient l'expression (92) s'évalueront, avec une assez faible erreur *relative*, en supposant la fonction ϖ de l'ordre des petites quantités dont nous négligeons habituellement les produits. C'est donc dans cette hypothèse simplificatrice qu'il nous reste à déterminer ϖ, ou, ce qui revient au même, F_2.

» Nous aurons pour cela le système (10) d'équations, dans lequel u' sera donné par la formule (40), évidemment réduite à

$$(93)\quad u' = U\left(v\frac{d\varphi}{dy} + w\frac{d\varphi}{dz}\right) + U^2\varphi\frac{d\varpi}{dx} = U^2\left(\frac{v}{aU}\frac{d\varphi}{d\eta} + \frac{w}{bU}\frac{d\varphi}{d\zeta} + \varphi\frac{d\varpi}{dx}\right).$$

» D'ailleurs, d'après (46), où y_0, z_0, a, h seront constants et la valeur (52) de z nulle, les vitesses transversales v, w auront simplement λ et μ pour quotients par aU et hU, avec λ, μ régis par l'équation indéfinie (53) et la condition au contour (49), sans compter la condition d'intégrabilité (1).

» **47.** Bornons-nous aux deux cas de la section rectangulaire très large, de hauteur $2h$, et de la section circulaire de rayon R, où nous savons que, par raison de symétrie, v, w ou λ, μ, fonctions *impaires* de y, z, sont les deux dérivées en y, z ou en η, ζ, d'une même fonction *paire*, soit de ζ, soit de η et ζ par l'intermédiaire du rapport, ε, au rayon $R = 2a = 2h$, de la distance $r = \sqrt{y^2 + z^2}$ à l'axe : ce qui rend identique la vérification de la condition (1) d'intégrabilité.

» Nous introduirons comme inconnue auxiliaire une fonction ω de ζ ou ε, et de x, dont la dérivée en x soit justement cette fonction qui a λ et μ pour dérivées respectives en η et ζ. Autrement dit, nous poserons

$$(94)\qquad \lambda = \frac{d^2\omega}{dx\,d\eta}, \qquad \mu = \frac{d^2\omega}{dx\,d\zeta};$$

ω comprendra ainsi une fonction arbitraire de η et ζ. Nous en disposerons de manière que, sur une première section σ, celle qui aura, par exemple, l'abscisse $x = 0$, et où la valeur de ϖ, évidemment paire en η, ζ, sera directement donnée, l'on ait

$$(95)\quad \Delta_2\omega + \varpi = 0 \quad \text{ou} \quad \frac{d^2\omega}{d\eta^2} + \frac{d^2\omega}{d\zeta^2} = -\varpi, \quad \text{avec} \quad \frac{d\omega}{d\nu} = 0 \ (\text{sur le contour}).$$

» Alors, vu les expressions (94) de λ et μ, l'équation indéfinie (53) et la condition (49) deviendront respectivement $\frac{d}{dx}(\Delta_2\omega + \varpi) = 0$, $\frac{d}{dx}\left(\frac{d\omega}{d\nu}\right) = 0$. Donc, les équations (95) seront vérifiées pour toutes les valeurs de x, c'est-à-dire sur toutes les sections σ. On voit que, si l'on connaissait sur l'une d'elles quelconque la fonction paire ϖ de η et de ζ, ces équations (95) y détermineraient, à une constante arbitraire près $f(x)$, la fonction ω, également paire en η, ζ. La partie $f(x)$ de ω, évidemment étrangère aux relations (94), (95) de ω avec nos vraies inconnues λ, μ, ϖ, reste indéterminée.

» Enfin, l'expression (93) de u', en en éliminant, par (95) et (94), ϖ et les rapports λ, μ de v, w à aU, hU, puis observant que φ ne dépend pas de x, et substituant enfin à φ sa valeur tirée de (51), deviendra

$$(96)\quad \begin{cases} u' = U^2 \dfrac{d}{dx}\left(\dfrac{d\varphi}{d\eta}\dfrac{d\omega}{d\eta} + \dfrac{d\varphi}{d\zeta}\dfrac{d\omega}{d\zeta} - \varphi\Delta_2\omega\right) \\ \quad = -\dfrac{k\sqrt{B_0}U^2}{1+k\sqrt{B_0}\mathfrak{M}F_1}\dfrac{d}{dx}\left[\left(\dfrac{1}{k\sqrt{B_0}} + F_1\right)\Delta_2\omega - \dfrac{dF_1}{d\eta}\dfrac{d\omega}{d\eta} - \dfrac{dF_1}{d\zeta}\dfrac{d\omega}{d\zeta}\right]. \end{cases}$$

» **48.** Telle est la valeur de u' qu'il faudra porter dans l'équation indéfinie en F_2, qui est la première (10) ou mieux la différentielle totale en η, ζ de la première (10). En effet, avec l'adjonction de la condition au contour correspondante, la première équation (10) équivaut exactement à sa différentielle totale en η, ζ, que nous pourrons écrire, avec un terme de moins,

$$(97)\qquad d_\sigma\left[\frac{d}{d\eta}\left(F\frac{dF_2}{d\eta}\right) + \frac{d}{d\zeta}\left(F\frac{dF_2}{d\zeta}\right) - u'\right] = 0,$$

l'indice σ indiquant que la différentiation dont il s'agit se fait sans sortir d'une même section σ. Car l'équation (97) revient évidemment à la première (10), avec addition, au second membre, d'une constante arbitraire C. Or, si l'on prend la moyenne des valeurs, dans l'aire σ, de tous les termes de la première (10) ainsi complétée, on trouve zéro pour valeur moyenne du premier membre : car celui-ci, multiplié par $d\eta\,d\zeta$, et intégré, se change évidemment en une intégrale de contour où figure sous le signe $\int$ le produit de F par la dérivée en ν de F_2, nul d'après la seconde relation (10). Et il vient bien ainsi, forcément, $C = 0$.

» **49.** Cela posé, tirons de (11), pour la substituer dans (97), la valeur de F_2 en fonction de F_1 et de ϖ ou ω. A cet effet, observons, d'une part, que dans l'expression de F_2 fournie immédiatement par (11), le facteur u_0^2 peut être remplacé à très peu près par $U^2\varphi_0^2$; d'autre part, que le quotient de u par u_0 est identiquement celui de $\varphi + \varpi$ par $\varphi_0 + \varpi_0$ et excède sa valeur de régime uniforme $1 + k\sqrt{B_0}F_1$, ou $\frac{\varphi}{\varphi_0}$, de

$$\frac{1}{\varphi_0^2}(\varphi_0\varpi - \varpi_0\varphi) = \frac{\varpi}{\varphi_0} - \frac{\varpi_0}{\varphi_0}(1 + k\sqrt{B_0}F_1).$$

Il viendra

$$(98)\quad \begin{cases} F_2 = \dfrac{g\sqrt{B_0}\varphi_0}{k}\dfrac{\zeta}{\varpi}U^2\left[\varpi - \varpi_0(1 + k\sqrt{B_0}F_1)\right] \\ \quad = -\dfrac{g\sqrt{B_0}\zeta U^2}{k(1+k\sqrt{B_0}\mathfrak{M}F_1)\varpi}\left[\Delta_2\omega + \varpi_0(1 + k\sqrt{B_0}F_1)\right]. \end{cases}$$

Les termes en F_1 de celle-ci s'élimineront de la relation (97), à raison de ce que la première équation (9) y réduira leur somme à la différentielle d_σ d'une constante, et, en même temps, la substitution à u, dans (97), de la dernière expression (96), donnera l'équation indéfinie en ω,

$$(99)\quad d_\sigma\left[\frac{g}{k^2}\frac{\chi}{\tau}\left(\frac{d.\mathrm{F}\frac{d\Delta_2\omega}{d\eta}}{d\eta}+\frac{d.\mathrm{F}\frac{d\Delta_2\omega}{d\zeta}}{d\zeta}\right)-\left(\frac{1}{k\sqrt{\mathrm{B}_0}}+\mathrm{F}_1\right)\frac{d\Delta_2\omega}{dx}+\frac{d}{dx}\left(\frac{d\mathrm{F}_1}{d\eta}\frac{d\omega}{d\eta}+\frac{d\mathrm{F}_1}{d\zeta}\frac{d\omega}{d\zeta}\right)\right]=0.$$

» La quantité entre accolades ne dépendant, comme on verra, que de x et de ζ ou ι, la différentielle d_σ équivaudra à une simple dérivation en ζ ou ι, et l'équation (99) sera une équation aux dérivées partielles, du cinquième ordre en ζ ou en ι.

» Il faudra y joindre la condition (10) au contour, exprimant que s'y annule le produit de F par la dérivée en ν de F_2, c'est-à-dire de la dernière expression (98). Si l'on tient compte de la seconde relation (9) et de ce que ϖ_0 sera justement la valeur de ϖ ou de $-\Delta_2\omega$ au contour, il viendra, en rappelant d'ailleurs une autre condition au contour déjà établie plus haut pour ω (formules 95),

$$(100)\qquad \text{(au contour des sections)}\quad \frac{\mathrm{F}}{k\sqrt{\mathrm{B}_0}f}\frac{d\Delta_2\omega}{d\nu}+\Delta_2\omega=0,\qquad \frac{d\omega}{d\nu}=0.$$

» D'ailleurs, la dernière relation (10) est satisfaite identiquement par la valeur (98) de F_2. Et la condition $\int\varpi\,d\sigma=0$, provenant de ce que s'annule dans chaque section la valeur moyenne de ϖ, différence de celles de $\varphi+\varpi$ et de φ, égales toutes les deux à l'unité, n'est pas moins vérifiée; car l'égalité $-\varpi=\Delta_2\omega$, multipliée par $d\eta\,d\zeta$, puis intégrée dans toute l'aire σ, conduit à une intégrale de contour où la fonction sous le signe $\int$ est la dérivée de ω en ν, nulle en vertu de la seconde relation définie (100).

» Si l'on veut ne considérer, dans chaque section, que la variable indépendante ζ^2 ou ι, croissante de 0 à 1, il y aura lieu d'observer qu'au centre ($\zeta=0$ ou $\iota=0$), les deux fonctions paires (en η et ζ) ω et $-\varpi=\Delta_2\omega$, maxima ou minima en ce point, ont leur différentielle d_σ nulle par raison de symétrie et de continuité. On aura donc encore

$$(101)\qquad \text{(au centre des sections)}\quad d_\sigma\omega=0,\qquad d_\sigma\Delta_2\omega=0.$$

§ XXIV. — Décomposition de ce mode, dans sa partie amortissable ou de non-uniformité, en modes simples, plus ou moins lents à s'évanouir aux distances croissantes de l'entrée.

« **50.** On vérifiera les équations (99), (100), (101), en prenant pour ω une somme de *solutions simples*, dont chacune sera le produit d'une constante arbitraire c par une exponentielle décroissante en x, où figurera un coefficient positif d'*extinction* m constant, et par une fonction Ω de ζ ou de ϵ seuls. Bref, on posera

$$(102)\qquad \omega = \sum c e^{-m\frac{\varepsilon}{k}\frac{\chi x}{\sigma}}\,\Omega.$$

» Chaque terme de la somme Σ devant séparément satisfaire à (99), (100) et (101), il vient en Ω l'équation différentielle linéaire, du cinquième ordre et sans second membre,

$$(103)\quad d_\zeta\left[\frac{d}{d\zeta}\left(F\frac{d\Delta_2\Omega}{d\zeta}\right)+\frac{d}{d\epsilon}\left(F\frac{d\Delta_2\Omega}{d\epsilon}\right)+m\left(\frac{\Delta_2\Omega}{k\sqrt{B_0}}+F_1\Delta_2\Omega-\frac{dF_1}{d\zeta}\frac{d\Omega}{d\zeta}-\frac{dF_1}{d\xi}\frac{d\Omega}{d\xi}\right)\right]=0.$$

Et l'on devra, d'une part, adopter sa solution particulière, déterminée (dans sa partie variable) à un facteur constant près, qui vérifiera, d'après (101) et (100), les trois conditions spéciales

$$(104)\quad (\text{au centre})\ d_\zeta\Omega = 0 \quad\text{et}\quad d_\zeta\Delta_2\Omega = 0,\quad (\text{au contour})\ \frac{d\Omega}{d\epsilon} = 0;$$

d'autre part, choisir pour m les racines, tenues d'être toutes positives, de l'équation transcendante fournie par la première condition (100),

$$(105)\qquad (\text{sur le contour})\quad \frac{F}{k\sqrt{B_0}f}\frac{d\Delta_2\Omega}{d\epsilon}+\Delta_2\Omega = 0.$$

» Comme c'est la partie $\varpi = -\Delta_2\omega$, variable avec x, du mode de distribution des vitesses que l'on desire connaître, la formule (102) donnera

$$(106)\qquad \varpi = -\sum c e^{-m\frac{\varepsilon}{k}\frac{\chi x}{\sigma}}\,\Delta_2\Omega.$$

» **51.** Il restera à calculer les coefficients c de manière que, sur une première section σ, celle qui a, par exemple, l'abscisse $x = 0$, ϖ reçoive certaines valeurs *initiales* ϖ_0, fonction de ζ ou de ϵ, données dans toute l'aire σ. La formule (106) devra donc y devenir $\varpi_0 = -\Sigma c\Delta_2\Omega$. Mais, ne pouvant effectivement prendre, dans la somme Σ ordonnée suivant les racines m croissantes, qu'un nombre fini n de termes, on devra tolérer des erreurs $\varpi_i + \Sigma c \Delta_2 \Omega$; et l'on rendra seulement minima la moyenne de leurs carrés dans toute l'aire σ ou, ce qui revient au même, l'intégrale

$$\int (\varpi_i + \Sigma c \Delta_2 \Omega)^2 \, d\sigma. \tag{106 bis}$$

» J'ai montré sur un exemple, dans une Note relative au même problème de l'établissement du régime uniforme, mais à l'entrée des tubes fins, comment cette condition détermine les coefficients ([1]).

» **52**. On voit que, l'abscisse x grandissant, la formule (106) fait évanouir successivement tous les termes de la somme Σ, à commencer par les plus éloignés. Aux distances de l'entrée excédant un nombre médiocre de fois le rayon moyen, il ne subsistera donc que le premier terme, affecté de la plus petite racine positive m de l'équation (105); et ϖ, d'ailleurs indépendant, d'après (106), de la vitesse moyenne U et des dimensions absolues de la masse fluide, variera désormais, sur chaque section, proportionnellement à l'expression correspondante de $\Delta_2 \Omega$.

([1]) *Comptes rendus* des 6 et 13 juillet 1891, t. CXIII, p. 9 et 49. La condition dont il s'agit, qui revient à rendre minima la somme des carrés des erreurs commises sur la valeur de ϖ_i dans les divers éléments (équivalents) de l'aire σ, entraîne évidemment l'annulation de la dérivée partielle première de l'intégrale (106 *bis*) par rapport à chacun des coefficients c à déterminer. Si donc $\Delta_2 \Omega_j$ désigne successivement chacune des n expressions obtenues pour $\Delta_2 \Omega$, c'est-à-dire celles qui correspondent aux n premières racines m de l'équation transcendante (105), il vient, pour calculer les n coefficients c, le système complet du premier degré

$$\Sigma c \int \Delta_2 \Omega \, \Delta_2 \Omega_j \, d\sigma = \int (-\varpi_i) \Delta_2 \Omega_j \, d\sigma. \tag{106 ter}$$

Contrairement à ce qui arrive dans les problèmes les plus usuels de la Physique mathématique, les inconnues c ne seront pas séparées dans ce système, car le produit de deux expressions différentes de $\Delta_2 \Omega$ n'aura pas sa valeur moyenne nulle. Autrement dit, les équations (106 *ter*) ne se réduiront pas à

$$c_j \int (\Delta_2 \Omega_j)^2 \, d\sigma = \int (-\varpi_i) \Delta_2 \Omega_j \, d\sigma,$$

et les valeurs des constantes c varieront, dans une certaine mesure, avec le nombre de celles que l'on voudra utiliser pour le calcul effectif de ϖ.

§ XXV. — Cas d'un tuyau à section rectangulaire large : intégration en série.

« **53.** Abordons d'abord le plus simple des deux cas en vue desquels a été établie spécialement la théorie précédente et où l'on a $f = 1$, $B_{s} = B$, savoir, celui d'un tuyau à section rectangulaire très large, de hauteur $2h$. Alors $F = 1$, $F_1 = \frac{1}{2}(1 - \zeta^2)$ et Ω, fonction paire comme F_1, ne dépend également que de ζ : il suffira de la considérer depuis l'axe jusqu'au fond, c'est-à-dire de $\zeta = 0$ à $\zeta = 1$.

» L'équation indéfinie (103) ne contient Ω que par sa dérivée première Ω', car $\Delta_2\Omega$ est maintenant la dérivée, Ω'', de celle-ci. Il y a donc lieu d'adopter pour inconnue la fonction *impaire* Ω', que nous appellerons dès lors Ψ, et dont $\Delta_2\Omega$ sera la dérivée Ψ'. D'ailleurs, le signe d_s équivalant à une différentiation en ζ, l'équation différentielle (103) sera du quatrième ordre en Ψ. Dans son terme en Ψ'', évaluons et mettons à part la valeur moyenne du coefficient, valeur qui égalera l'inverse de $k\sqrt{b}$, d'après la première formule (37) de mon Étude de l'année dernière ([1]). Cette équation en Ψ, divisée par m, sera dès lors

$$(107)\qquad \frac{1}{m}\Psi^{\text{IV}} + \left[\frac{1}{k\sqrt{b}} + \frac{1}{2}\left(\frac{1}{3} - \zeta^2\right)\right]\Psi'' + \Psi = 0;$$

et les conditions définies (104), (105), où l'on aura $ds = d\zeta$ à la limite $\zeta = 1$, deviendront

$$(108)\qquad \Psi(0) = 0,\quad \Psi(1) = 0,\quad \Psi''(0) = 0,\quad \Psi''(1) + k\sqrt{B}\,\Psi'(1) = 0.$$

» Les trois premières (108), jointes à (107), suffisent évidemment pour définir la fonction Ψ, à un facteur constant près, que l'on peut choisir à volonté puisque le résultat cherché (106) contient déjà les coefficients arbitraires c. Nous disposerons, en général, de ce facteur constant, de manière à avoir $\Psi'(0) = 1$; ce qui achèvera de déterminer Ψ.

» **54.** Si nous adoptons pour cette fonction *impaire* une série procédant suivant les puissances entières et positives de ζ, nous aurons donc une for-

---

([1]) *Comptes rendus*, t. CXXIII, p. 11 (6 juillet 1896), ou p. 33 du Mémoire précédent.

mule comme

$$(109) \qquad \Psi(\zeta) = \zeta + A\zeta^3 - C\zeta^5 + D\zeta^7 - E\zeta^9 + \dots,$$

et les première et troisième des conditions (108) seront satisfaites. Quant à l'équation (107), que le développement (109) devra identiquement vérifier, on reconnaît qu'elle laisse disponible le coefficient A, mais qu'elle détermine chacun des suivants C, D, E, ..., en fonction linéaire très simple des deux qui le précèdent, 1, A, ..., multipliés par m. Puis A se détermine par la seconde relation (108); et la dernière (108) donne enfin l'équation en m (¹).

(¹) *Sur l'établissement du régime uniforme le long d'un tube fin à section rectangulaire relativement large.* — La loi de récurrence qui, à partir de C, relie chaque coefficient de la série (109) aux deux précédents, se simplifie un peu quand on suppose B très grand et, par suite, $k\sqrt{b}$ égal à 3. La quatrième condition (108), résolue par rapport à $\Psi'(1)$, se réduit en même temps à $\Psi'(1) = 0$. Alors, d'après les équations (8) ou (12), la vitesse u_0 à la paroi devient négligeable à côté de la vitesse moyenne U, et le tuyau, supposé ainsi infiniment rugueux, immobilise par son frottement la couche fluide qui le touche, tout comme le ferait par adhérence la paroi polie d'un tube fin, dans un écoulement bien continu. D'ailleurs, cette vitesse u_0 étant sensiblement indépendante de x aux endroits considérés où ϖ est très petit, le coefficient de frottement intérieur $\varepsilon = \frac{\rho g}{k}\sqrt{\mathrm{B}}hu_0$ s'y trouve à fort peu près constant, comme il l'est dans les mouvements bien continus. Donc, tout se passe, quant aux équations déterminant ϖ et Ψ, comme s'il s'agissait de l'écoulement effectué, le long d'un tube fin, par un fluide où le coefficient de frottement intérieur aurait justement la valeur numérique de l'expression $\frac{\rho g}{k}\sqrt{\mathrm{B}}hu_0$ dans notre liquide.

Ainsi, la formule (108) de ϖ, spécifiée pour un tuyau infiniment rugueux, sera celle qui représentera l'établissement du régime uniforme à la partie amont d'un tube fin, si, remplaçant $\frac{x}{\varepsilon}$ par $\frac{1}{h}$ et $\Delta_2 u$ par Ψ'', l'on exprime d'ailleurs, dans les exponentielles, k^2 en fonction de ε, h et U. L'on aura, pour cela, l'équation (31) de mon premier Mémoire (p. 27), équation qui, vu la valeur $\frac{1}{3}$ de $\mathfrak{M}\,\mathrm{F}_1$ et la grandeur supposée de $\sqrt{\mathrm{B}}$, donnera $k\sqrt{\mathrm{B}}u_0 = 3\mathrm{U}$, dans l'expression $\frac{\rho g}{k^2}k\sqrt{\mathrm{B}}u_0 h$ de ε. De celle-ci, devenue dès lors $\varepsilon = \frac{3\rho g h \mathrm{U}}{k^2}$, on tirera $\frac{1}{k^2} = \frac{\varepsilon}{3\rho g h \mathrm{U}}$. Donc, la formule représentant la partie variable avec x du mode de distribution des vitesses, dans le problème de l'établissement du régime uniforme le long d'un tube fin à section rectangulaire large et de hauteur $2h$, sera

$$\varpi = -\sum c e^{-\frac{m \varepsilon x}{3 \rho g h^3 \mathrm{U}}} \Psi''.$$

§ XXVI. — Solutions simples en termes finis, quand les parois sont lisses.

« **55.** Les résultats deviennent très simples quand on suppose la paroi assez lisse, ou plutôt b assez petit, pour que, dans (107), le coefficient de Ψ'', alors très grand, puisse être remplacé par l'inverse de $k\sqrt{b}$, sa valeur moyenne, dont il ne s'écarte qu'entre les limites fixes $\frac{1}{2}$ et $-\frac{1}{2}$ comptées respectivement au delà et en deçà. Le troisième terme, Ψ, de (107) se trouve dès lors encore plus négligeable que la petite partie supprimée du terme en Ψ''; car Ψ, s'annulant aux deux limites $\zeta = 0$, $\zeta = 1$, est, en moyenne, dans l'intervalle, au plus de l'ordre de grandeur de sa dérivée première Ψ', qui, tenue elle-même de s'y annuler une fois, y est à peine comparable à sa dérivée Ψ''. Donc, à plus forte raison, Ψ disparaît dans (107), devant la partie principale du terme en Ψ''. Et l'équation (107), dès lors binôme, donne, à un facteur constant près, vu l'avant-dernière condition (108), $\Psi'' = -\alpha \sin \alpha\zeta$, si α^2 (avec α pris positif) désigne le quotient de m par $k\sqrt{b}$. Or, de cette valeur de Ψ'', multipliée deux fois par $d\zeta$ et intégrée chaque fois, il résulte, en tenant compte des deux premières conditions (108),

$$(110) \qquad \Psi = \frac{\sin \alpha\zeta - \zeta \sin \alpha}{\alpha}, \qquad \text{où} \qquad \alpha = \sqrt{\frac{m}{k\sqrt{b}}}.$$

« Enfin, la dernière condition (108) devient l'équation en m ou en α, $\tang \alpha = \frac{k\sqrt{B}}{\alpha} \frac{\alpha^2}{\alpha^2 - k\sqrt{B}}$. Supposons le quotient positif de $k\sqrt{B}$ par α assez petit pour qu'on puisse négliger son carré; en sorte que ce quotient soit lui-même voisin de zéro et α voisin d'un multiple positif $j\pi$ de π. Le petit excédent $\alpha - j\pi$ aura donc pour tangente, à très peu près, $\frac{k\sqrt{B}}{\alpha}$ ou $\frac{k\sqrt{B}}{j\pi}$;

---

où m et Ψ' se calculeront comme s'il s'agissait d'un tuyau de même forme à paroi infiniment rugueuse. Quant à la partie, φ, de régime uniforme ou indépendante de x, elle sera, en faisant $\sqrt{B}$, infini dans (51),

$$\varphi = \frac{F_1}{\mathfrak{M} F_1} = \frac{3}{2}(1 - \zeta^2).$$

Malgré les simplifications indiquées des formules (107) et (108), la série qui exprime Ψ' et l'équation en m restent encore d'un calcul fort laborieux.

et il viendra successivement

$$(111)\quad \begin{cases} \alpha = j\pi + \dfrac{k\sqrt{B}}{j\pi}, \qquad m = \alpha^2 k\sqrt{b} = (j^2\pi^2 + 2k\sqrt{B})k\sqrt{b}, \\ \Psi' = \cos\alpha\zeta - \dfrac{\sin\alpha}{\alpha} = \cos j\pi\zeta - \dfrac{k\sqrt{B}}{\pi}\left(\dfrac{\cos j\pi}{j\pi} + \zeta\sin j\pi\zeta\right). \end{cases}$$

« Les valeurs de m sont bien, comme il le fallait, toutes réelles et positives : celles de Ψ', qu'on substituera à $\Delta_2\Omega$, s'écartent peu de $\cos j\pi\zeta$, dont elles diffèrent d'une même quantité aux deux limites $\zeta^2 = 0$, $\zeta^2 = 1$.

« **56.** Bornons-nous au terme de ϖ *fondamental* ou affecté de l'exponentielle la plus lente à s'évanouir, celle qui correspond à $j = 1$. Admettons de plus une entrée du tuyau parfaitement bien évasée, qui y donnerait $u = U$ ou $\varpi_i = 1 - \varphi = \frac{1}{2}k\sqrt{b}\left(\zeta^2 - \frac{1}{3}\right)$, d'après les formules (37), précédemment citées, de mon Étude de l'année dernière. Le coefficient c, devant rendre minimum le carré moyen, $\int_0^1 (c\cos\pi\zeta + \varpi_i)^2 d\zeta$ environ, de l'écart entre $c\Psi'$ et $-\varpi_i$, se déterminera par la condition approchée

$$\int_0^1 (c\cos\pi\zeta + \varpi_i)\cos\pi\zeta\, d\zeta = 0.$$

Il sera sensiblement le quotient, par la valeur moyenne $\frac{1}{2}$ de $\cos^2\pi\zeta$, de l'intégrale $\int_0^1 (-\varpi_i)\cos\pi\zeta\, d\zeta$, que donnera presque immédiatement l'intégration par parties effectuée avec $\sin\pi\zeta$ ou $\cos\pi\zeta$ comme facteur intégré. Et il viendra finalement, vu (106),

$$(112)\qquad -\varpi = \frac{2k\sqrt{b}}{\pi^3}\, e^{-\frac{\pi^2+2k\sqrt{B}}{4}\frac{\sqrt{b}\,x}{h}}\left[\cos\pi\zeta + \frac{k\sqrt{B}}{\pi^2}(1 - \pi\zeta\sin\pi\zeta)\right].$$

« Les vitesses u sont inférieures à celles de régime uniforme dans la partie centrale des sections qui s'étend jusqu'à l'ordonnée relative, ζ, dont la valeur absolue, $\frac{1}{2} - \frac{k\sqrt{B}}{\pi^2}\left(\frac{1}{2} - \frac{1}{\pi}\right)$, annule Ψ' ; elles leur sont, au contraire, supérieures dans tout le reste, qui comprend un peu plus que la moitié des sections. Aussi, l'écart $-\varpi$ est-il plus fort au centre $\zeta = 0$ qu'à la paroi $\zeta = 1$, comme il était naturel de le penser, l'action régulatrice du frottement devant le plus vite se faire sentir au voisinage des parois.

§ XXVII. — Longueur nécessaire pour l'établissement approché du régime uniforme dans un tel tuyau.

« 57. Pour la paroi en ciment fin sur laquelle M. Bazin a fait ses récentes observations (dans un tuyau circulaire, il est vrai, et non rectangulaire large), on avait $b = 0,000166$, $\sqrt{b} = 0,0129$, et, par suite (avec la valeur 48,6 de k), $\sqrt{B} = 0,0175$, $k\sqrt{B} = 0,871$ (¹); d'où résulte, dans la section rectangulaire large, encore d'après les mêmes formules (32) de l'Étude citée, $b = 0,000186$, $\sqrt{b} = 0,0136$ et $k\sqrt{b} = 0,663$. L'inverse de $k\sqrt{b}$ y est donc, non pas très grand, mais seulement égal à 1,508. Toutefois, chacune des deux catégories de valeurs que prend le coefficient de Ψ'' dans (107), les unes (pour $\zeta^2 < \frac{1}{2}$) en excédent, les autres (pour $\zeta^2 > \frac{1}{2}$) en déficit sur cette moyenne 1,508, s'en écarte relativement assez peu, surtout en moyenne, pour qu'on puisse, dans une première étude, lui substituer la valeur constante 1,508; et l'expression (110) de Ψ, où α est de l'ordre de $j\pi$, réduit encore le terme Ψ, dans (107), à une fraction presque négligeable du précédent $1,508\Psi''$, au $\frac{1}{11}$ environ. Enfin, dans l'expression (111) de m, le terme $2k\sqrt{B}$, de deuxième approximation, n'est guère, même pour $j = 1$, que le $\frac{1}{6}$ du terme principal $j^2\pi^2$: preuve que les formules obtenues continuent à être applicables avec quelque approximation.

(¹) Ces valeurs se déduisent de la première formule (60) de mon travail de l'année dernière (voir le Mémoire précédent, p. 46), où $k = 48,60$ d'après l'une des formules (37) du même travail, et où il suffit d'introduire en outre le résultat $b = 0,000166$, fourni directement par l'observation des débits du tuyau circulaire expérimenté.

Si, dans l'étude du régime uniforme à l'intérieur des tuyaux circulaires, l'on se bornait, comme je le fais ici dans l'étude des régimes variés, à cette première approximation où le coefficient de frottement intérieur ε est supposé valoir celui du cas de la section rectangulaire large pour même rayon moyen et même vitesse à la paroi, multiplié par l'inverse de la distance relative ζ à l'axe, la valeur de k la plus propre à réduire autant que possible les écarts entre la théorie et les récentes observations de M. Bazin serait encore, d'après les pages 44 et 45 du Mémoire précédent, $k = 48,60$. Et les premières formules (43), (37) du même Mémoire donneraient, l'une (en y faisant $b = 0,000166$) $\sqrt{B} = 0,0172$, l'autre, ensuite, $\sqrt{b} = 0,0135$ pour la section rectangulaire large. Ce seraient donc, à fort peu près, les valeurs de $\sqrt{B}$, $\sqrt{b}$ adoptées dans le texte; et l'on aurait aussi, par suite, sensiblement les mêmes valeurs que ci-dessus pour $k\sqrt{B}$ et $k\sqrt{b}$.

« L'expression (112) de $-\varpi$ donnera donc une idée encore assez juste du phénomène étudié. Le coefficient c figurant devant l'exponentielle y est environ 0,134, vu la valeur 0,663 de $k\sqrt{b}$. Mais, pour un tuyau non muni de la bouche parfaitement évasée que nous avons admise, et où se produira toujours, après la brusque contraction des filets fluides, un épanouissement rapide, avec frottements notables qui ébaucheront déjà l'inégalité des vitesses dans le tuyau, l'écart initial ϖ_0, sur la section où le régime commencera à varier graduellement, aura des valeurs absolues moindres que leur expression supposée $1-\varphi$, et, par suite, le coefficient c ne devra guère, ou pas, excéder 0,1. Il suffira donc que l'exponentielle se réduise elle-même à 0,1, ou que son exposant égale au moins, en valeur absolue, 2,3026, ou enfin que x atteigne la valeur $72,3h$ environ, pour que l'écart ϖ soit partout inférieur à $\frac{1}{100}$ et insensible. Ainsi, *le régime uniforme sera établi après un parcours x d'environ 72 rayons moyens, ou 36 fois la hauteur $2h$ de la section, à partir de l'endroit où les filets fluides commencent à être sensiblement rectilignes et parallèles.*

§ XXVIII. — Cas d'un tuyau circulaire : intégration en série.

» **58.** Abordons enfin le cas, plus pratique, mais beaucoup moins simple, d'un tuyau à section circulaire. Alors la fonction F peut être réduite à l'inverse de ε avec une approximation suffisante : F_1 est, par suite, $\frac{2}{3}(1-\varepsilon^3)$, et, Ω ne dépendant, comme F et F_1, que de la variable $\varepsilon = \frac{1}{2}\sqrt{y^2+z^2}$, $\Delta_2\Omega$ a l'expression $\frac{1}{4\varepsilon}\frac{d.\varepsilon\Omega'}{d\varepsilon}$. D'ailleurs, dans l'équation indéfinie (103), les deux derniers termes du quadrinome entre parenthèses ont évidemment pour somme $-\frac{1}{4}F_1\Omega'$, ou $\frac{1}{2}\varepsilon^2\Omega'$: de sorte que cette équation indéfinie ne contient Ω que par le produit $\varepsilon\Omega'$. Celui-ci, ou plutôt son quart $\frac{1}{4}\varepsilon\Omega'$, sera donc notre inconnue auxiliaire. Nous l'appellerons encore Ψ, en posant ainsi

$$\Delta_2\Omega = \frac{1}{\varepsilon}\frac{d\Psi}{d\varepsilon} = \frac{\Psi'}{\varepsilon}. \tag{113}$$

» Enfin, le signe d_ε équivalant à une dérivation en ε, cette équation (103), divisée par m, deviendra presque immédiatement, en y mettant en évidence, comme dans (107), la valeur moyenne, sur toute l'étendue de la section, d'un coefficient variable, valeur qui s'exprime simplement au moyen du coefficient b propre à la section circulaire (¹).

$$(114)\qquad \frac{1}{4m}\frac{d}{d\varepsilon}\left(\frac{1}{\varepsilon}\frac{d^2\frac{\Psi'}{\varepsilon}}{d\varepsilon^2}\right)+\left[\frac{1}{k\sqrt{b}}+\frac{2}{3}\left(\frac{2}{5}-\varepsilon^2\right)\right]\frac{d\frac{\Psi'}{\varepsilon}}{d\varepsilon}+2\Psi=0.$$

» Les conditions définies (104) et (105) deviennent en même temps, vu que dr (ou $d\sqrt{\eta^2+\zeta^2}$ suivant la normale au contour) est $2d\varepsilon$ à la limite $\varepsilon = 1$,

$$(115)\qquad \begin{cases} \Psi(0)=0, \qquad \Psi(1)=0, \qquad \dfrac{d}{d\varepsilon}\left(\dfrac{\Psi'}{\varepsilon}\right)=0 \text{ (pour } \varepsilon=0),\\[2ex] \dfrac{1}{2k\sqrt{B}}\dfrac{d}{d\varepsilon}\left(\dfrac{\Psi'}{\varepsilon}\right)+\dfrac{\Psi'}{\varepsilon}=0 \text{ (pour } \varepsilon=1). \end{cases}$$

» **39.** La fonction $\Psi(\varepsilon)$ se développera en une série procédant suivant les puissances entières de ε. Cette série, d'après la première condition (115), n'aura pas de terme indépendant de ε. D'ailleurs, la valeur (113) de $\Delta_2\Omega$ devant rester finie au centre, Ψ' contiendra le facteur ε : et le terme du premier degré manquera dans Ψ. Ceux des troisième et quatrième degrés manqueront également; car un terme en ε^3 ne vérifierait pas la troisième condition (115), et un terme en ε^4, porté dans (114), y en donnerait un en ε^{-3}, incapable de se réduire avec aucun autre. Les deux premiers termes seront donc, l'un, en ε^2, l'autre, en ε^5. Après quoi, viendront $\varepsilon^8, \varepsilon^{11}, \varepsilon^{14}, \ldots$; car toute expression de la forme $M\varepsilon^\alpha$, substituée dans (114), y donne trois termes, respectivement affectés de $\varepsilon^{\alpha-6}, \varepsilon^{\alpha-3}, \varepsilon^\alpha$, essentiellement différents de zéro tous les trois pour $\alpha > 5$ et dont les deux premiers ne pourront se réduire qu'avec d'autres issus de même des deux termes de Ψ où α était moindre soit de 3, soit de 6 unités. Ainsi la différence des divers exposants α est toujours un multiple de 3; et si, Ψ n'étant déterminé qu'à un facteur constant près, l'on prend -1 pour second coefficient, il viendra

$$(116)\qquad \Psi(\varepsilon)=A\varepsilon^2-\varepsilon^5+C\varepsilon^8-D\varepsilon^{11}+E\varepsilon^{14}-\ldots,$$

(¹) Voir la première des formules (53) de mon Étude de l'année dernière (p. 34, ou *Comptes rendus*, t. CXXIII, p. 77). Cette formule donne

$$\frac{1}{k\sqrt{B}}+\frac{2}{5}=\frac{1}{k\sqrt{b}}.$$

Dans le cas limite $ab\sqrt{B}=\infty$, qui sera considéré ci-après en note, $k\sqrt{b}$ atteindra sa plus forte valeur $\frac{5}{2}$.

» Une loi de récurrence assez simple, fournie par la vérification identique de l'équation indéfinie (114), permettra d'évaluer chaque coefficient, à partir de C, en fonction linéaire des deux coefficients précédents multipliés par m. Puis la deuxième condition (115) déterminera A, et la quatrième (115) deviendra enfin l'équation en m (¹).

(¹) *Sur l'établissement du régime uniforme dans un tube fin à section circulaire, et sur la convergence des séries rencontrées dans la partie actuelle de ce travail.* — Pareillement à ce qui arrivait pour un tuyau à section rectangulaire large et à paroi très rugueuse, la loi de récurrence et la dernière relation (115), équation en m, se simplifient quand B croît indéfiniment, cas où $k\sqrt{b}$ tend vers $\frac{1}{2}$. Mais, alors, malgré l'immobilisation relative, par le frottement extérieur, de la couche fluide contiguë à la paroi, la fonction Ψ obtenue ne s'applique pas au problème de l'établissement du régime uniforme le long d'un tube fin à section circulaire, parce que le coefficient ε de frottement intérieur, de la forme $\frac{\rho g}{k}\sqrt{B}\frac{R}{2}u_0 F(\iota)$, ne pourrait être rendu constant qu'en prenant $F = \text{const.}$; ce qu'on n'a pas fait.

Pour trouver l'expression de ϖ qui convient au cas d'un tel tube fin, il faut donc poser, par exemple, $F = 1$. Dans cette hypothèse, le système (9) donne $F_1 = 1 - \iota^2$, $\mathfrak{M}F_1 = \frac{1}{2}$; et il résulte de la formule (51), prise avec $\sqrt{B_0}$ infini, $\varphi = 2(1-\iota^2)$. L'on a aussi, d'après la formule (31) du premier Mémoire (p. 27), $k\sqrt{B}u_0 = 2U$; d'où $\varepsilon = \frac{\rho g}{k^2}UR$; et la valeur de $\frac{1}{k^2}$ à porter dans les exponentielles de (106) est $\frac{\varepsilon}{\rho g UR}$. De plus, dans l'équation (103), où les deux derniers termes du quadrinome entre parenthèses donnent toujours pour somme $-\frac{1}{4}F_1'\Omega'$, soit, actuellement, $\frac{1}{2}\iota\Omega'$, la dérivée en ι de cette somme est $\frac{1}{2}\frac{d.\iota\Omega'}{d\iota}$, c'est-à-dire, identiquement, $\frac{1}{2}\iota\Delta_2\Omega$. Dès lors, Ω ne figurant dans (107) que par son paramètre Δ_2, c'est celui-ci qu'il y a lieu de prendre pour fonction de ι à déterminer. Appelons-le H, ou, autrement dit, réduisons la formule (106) à

$$\varpi = -\sum c e^{-\frac{2m\varepsilon x}{\rho g U R}} H,$$

et l'équation indéfinie (103) devient

$$\frac{d}{d\iota}\left[\frac{1}{4\iota}\frac{d}{d\iota}\left(\iota\frac{dH}{d\iota}\right) + m(1-\iota^2)H\right] + 2m\iota H = 0,$$

ou

$$\frac{1}{2}\frac{d}{d\iota}\left[\frac{1}{2\iota}\frac{d}{d\iota}\left(\iota\frac{dH}{d\iota}\right)\right] + m(1-\iota^2)\frac{dH}{d\iota} = 0.$$

Prenons-y pour fonction inconnue la quantité $\iota\frac{dH}{d\iota} = \Psi$, et pour variable indépendante le carré $\iota^2 = s$, aire relative, comparativement à la section entière $\sigma = \pi R^2$, de la courbe $2\pi\iota$ d'égale vitesse constituant le lieu des points considérés. Alors cette

§ XXIX. — Simplification des intégrales quand la paroi est polie.

» **60.** Mais bornons-nous, comme nous l'avons fait pour la section rectangulaire large, au cas d'une paroi assez polie, ou plutôt d'une valeur de b assez petite, pour que, dans (114), le coefficient du second terme soit réductible à sa valeur moyenne inverse de $\sqrt{b}$, alors grande comparativement à son écart $\left(\text{variable entre } \frac{4}{15} \text{ et } -\frac{2}{5}\right)$ d'avec cette moyenne. Le

---

équation différentielle, s'abaissant au second ordre, acquiert, multiplié par s, sa forme la plus réduite,

$$(\alpha) \qquad s\frac{d^2\Phi}{ds^2} + m(1-s)\Phi = 0.$$

Il s'y adjoint, en vertu de la seconde relation (104), la condition $\Phi = 0$ pour $s = 0$, c'est-à-dire $\Phi(0) = 0$, et celle-ci détermine, à un facteur constant près dont on peut disposer de manière que $\Phi'(0) = 1$, l'intégrale particulière Φ à choisir. Il vient d'ailleurs, en tenant compte de (105) où $\sqrt{B}$, a crû indéfiniment,

$$H = -\int_{s}^{1}\Phi\frac{ds}{s} = -\frac{1}{2}\int_{s^2}^{1}\Phi\frac{ds}{s},$$

et, puis, vu la formule $H = \frac{1}{4s}\frac{d}{ds}\left(s\frac{d\Omega}{ds}\right)$ définissant H, vu aussi la première condition (104),

$$s\frac{d\Omega}{ds} = 4\int_0^s Hs\,ds = 2\int_0^{s^2} H\,ds.$$

Alors enfin la dernière relation définie (104) devient l'équation en m :

$$\int_0^{1} H\,ds = 0.$$

Mais toutes ces formules ont eu beau se simplifier ainsi à un degré inespéré, le développement de Φ, savoir

$$(\beta) \qquad \Phi = s - A_2 s^2 + A_3 s^3 - A_4 s^4 + A_5 s^5 - \ldots$$

n'en appartient pas moins au type complexe des séries qui s'étaient déjà présentées dans nos trois autres problèmes sur l'établissement du régime uniforme à l'entrée de tuyaux ou de tubes, soit rectangulaires larges, soit circulaires (p. 60 et 66) : la loi de récurrence résultant de l'équation (α) y rattache chacun des coefficients (pris en valeur absolue) A_2, A_3, A_4, ... aux deux coefficients précédents 0, 1, A_2, A_3, ..., et troisième terme, 2Ψ, pourra encore être supprimé, comme étant, pour les mêmes raisons que dans la section rectangulaire large, tout au plus comparable à la partie ainsi négligée du second terme; et si l'on introduit, pour abréger, une fonction μ et une constante K définies par les relations

$$\mu = \frac{d}{dz}\left(\frac{\Psi}{z}\right), \qquad K = \frac{4m}{k\sqrt{b}}, \tag{117}$$

l'équation indéfinie (114), s'abaissant au second ordre, deviendra

$$\frac{d}{dz}\left(\frac{1}{z}\frac{d\mu}{dz}\right) + K\mu = 0. \tag{118}$$

---

non à un seul comme dans les séries les plus usuelles. En effet, l'on trouve ici

$$(\gamma) \quad \begin{cases} A_1 = \frac{m}{1.2}(1+0), & A_2 = \frac{m}{2.3}(A_1+1), \\ A_3 = \frac{m}{3.4}(A_2+A_1), & A_4 = \frac{m}{4.5}(A_3+A_2), \quad \ldots \end{cases}$$

La convergence de ces sortes de séries peut se démontrer comme il suit :

Prenons pour exemple (β). Soit $\frac{1}{2}$M le plus grand de deux coefficients consécutifs A_{p-1}, A_p, supposés assez éloignés dans la série pour que le rapport $\frac{m}{p(p+1)}$ et, à plus forte raison, les rapports suivants $\frac{m}{(p+1)(p+2)}$, $\frac{m}{(p+2)(p+3)}$, ..., n'excèdent pas une fraction donnée $\frac{1}{2}\lambda$, inférieure à $\frac{1}{2}$. On aura, d'après la loi de récurrence, d'abord

$$A_{p+1} < \frac{\lambda}{2}(A_p + A_{p-1}) < \lambda\frac{M}{2} \qquad \left(\text{d'où, } a\ fortiori,\ A_{p+1} < \frac{1}{2}M\right),$$

$$A_{p+2} < \frac{\lambda}{2}(A_{p+1} + A_p) < \lambda\frac{M}{2},$$

et, ensuite,

$$A_{p+3} < \frac{\lambda}{2}(A_{p+2} + A_{p+1}) < \lambda^2\frac{M}{2} \qquad \left(\text{d'où } A_{p+2} < \lambda\frac{M}{2}\right),$$

$$A_{p+4} < \frac{\lambda}{2}(A_{p+3} + A_{p+2}) < \lambda^2\frac{M}{2}, \qquad \ldots$$

Ainsi, les coefficients, groupés deux par deux à partir de A_{p-1}, admettront, dans les groupes successifs, les limites supérieures $\frac{M}{2}$, $\lambda\frac{M}{2}$, $\lambda^2\frac{M}{2}$, $\lambda^3\frac{M}{2}$, ... Donc, dans la série (β), où s varie de 0 à 1, la somme absolue des termes croîtra, à partir du $(p-1)^{ième}$, plus lentement que ne fait celle d'un nombre de termes moitié moindre, dans la progression géométrique précédente doublée, savoir $M + M\lambda + M\lambda^2 + M\lambda^3 + \ldots$, comptée à partir du premier M; et, à plus forte raison, la série (β), composée de termes moindres à signes alternant, sera-t-elle convergente.

» Portons-y l'expression de μ résultant de (117) et (116), savoir

$$(119)\qquad \mu = -3.5\iota^2 + 6.8C\iota^5 - \ldots;$$

l'équation (118) déterminera immédiatement chacun des coefficients C, D, E, ... en fonction du coefficient précédent 1, C, D, ...; et la formule (116) sera

$$(120)\quad \Psi(\iota) = A\iota^2 - \iota^3 + \frac{K\iota^8}{6.8} - \frac{K^2\iota^{11}}{6.8.9.11} + \frac{K^3\iota^{14}}{6.8.9.11.12.14} - \frac{K^4\iota^{17}}{6.8.9.11.12.14.15.17} + \ldots$$

» Portons-y la valeur de A résultant alors de la seconde condition (115), savoir

$$(121)\quad A = 1 - \frac{K}{6.8} + \frac{K^2}{6.8.9.11} - \frac{K^3}{6.8.9.11.12.14} + \frac{K^4}{6.8.9.11.12.14.15.17} - \ldots;$$

et la dernière condition (115), multipliée par $-2k\sqrt{B}$, puis divisée par 3.5, deviendra l'équation en K (ou en m):

$$(122)\quad \left\{\begin{aligned} &1 - \frac{K}{3.5} + \frac{K^2}{3.5.6.8} - \frac{K^3}{3.5.6.8.9.11} + \frac{K^4}{3.5.6.8.9.11.12.14} - \ldots \\ &\qquad + \frac{2k\sqrt{B}}{5}\left(1 - \frac{2K}{6.8} + \frac{3K^2}{6.8.9.11} - \frac{4K^3}{6.8.9.11.12.14} + \ldots\right) = 0. \end{aligned}\right.$$

» Conformément à ce qu'on avait prévu, elle n'a pas de racine négative; car tous les termes de son premier membre sont essentiellement positifs pour les valeurs négatives de K.

§ XXX. — Longueur alors nécessaire pour l'établissement du régime uniforme et autres particularités intéressantes.

» **61.** Si le coefficient $\frac{2}{5}k\sqrt{B}$ était assez petit pour qu'on pût négliger dans (122) la série où il figure, quelques tâtonnements donneraient, comme valeur de la plus petite racine, $K = 25,64$. Mais, cette valeur rendant la série dont il s'agit positive (égale à 0,272), il faudra prendre K un peu plus grand. Pour la valeur $k\sqrt{B} = 0,851$, qui convient à une paroi en ciment lissé, quelques essais donnent assez exactement $K = 30$; et il vient ensuite, d'après (121), $A = 0,5342$. On aura donc pour le paramètre m, vu (117), $7,5k\sqrt{b}$, et, dans l'exponentielle correspondante de la formule (106) de ϖ, l'exposant sera, en valeur absolue, $\frac{15g\sqrt{b}}{k}\frac{x}{R}$ ou, très sensiblement,

$0{,}039\frac{x}{R}$ (vu que $\sqrt{b} = 0{,}0129$). Comme les valeurs initiales ϖ_i de l'écart ϖ, dans le mode de distribution des vitesses, ne dépasseront guère encore un dixième, ou tout au plus un dixième et demi, ces écarts ϖ se réduiront à des quantités de l'ordre de 0,01, et seront insensibles, quand l'exponentielle n'excédera pas 0,1, ou quand l'exposant atteindra 2,3026 en valeur absolue; ce qui aura lieu pour $x = 59$R, à très peu près. *Un parcours d'environ 30 diamètres, après l'épanouissement des filets fluides consécutif à la contraction de l'entrée, suffira donc pour établir le régime uniforme.*

» **62.** En comptant 4 ou 5 diamètres en plus depuis l'entrée jusqu'à la section où l'épanouissement est ainsi effectué et où le régime commence à varier graduellement, on voit que l'établissement du régime uniforme dans un tuyau de conduite à parois polies demandera, au maximum, une longueur de 35 à 40 fois le diamètre du tuyau. Conformément aux observations récentes de M. Bazin, ce régime devait donc, dans ses expériences, exister après un parcours de 50 diamètres, mais non après un parcours de 25 diamètres, où, seulement, l'expression (106) de l'écart ϖ était évidemment réduite à son terme principal. Or, celui-ci est, vu les formules (113), (120) de Δ_2 Ω et de $\Psi(r)$, et les valeurs, 30, 0,5342, de K et de A,

$$(123)\quad \left\{ \begin{aligned} \varpi = & -ce^{-0{,}039\frac{x}{R}} \\ & \times (1{,}0685 - 5r^3 + 5r^6 - 2{,}0833r^9 + 0{,}4735r^{12} \\ & \qquad - 0{,}0676r^{15} + 0{,}0066r^{18} - 0{,}0005r^{21} + \ldots). \end{aligned} \right.$$

» La fonction de r entre parenthèses, à laquelle l'écart ϖ est proportionnel dans chaque section, décroît de 1,0685 à $-0{,}6028$, quand r grandit de zéro à 1, c'est-à-dire quand on va du centre au contour; elle est donc, en valeur absolue, plus grande sur l'axe qu'auprès de la paroi, dans le rapport de 1,773 à 1. Et elle s'annule pour $r = 0{,}659$; ce qui est aussi d'accord qu'on pouvait l'espérer avec l'expression particulière de ϖ, observée par M. Bazin pour l'abscisse $x = 50$R et constituée par les différences respectives des deux séries de nombres rapportées au commencement de cette Étude. On y voit, en effet, que la valeur de r, pour laquelle se produit l'égalité des nombres des deux séries, est voisine de $\frac{5}{8} = 0{,}625$, légèrement moindre, toutefois, et, par conséquent, un peu inférieure à 0,659. Par suite, ϖ, nul en moyenne, ayant ainsi le champ de ses valeurs négatives, qui constitue la région centrale des sections, sensiblement réduit, celui de ses valeurs positives, constitué par la région périphérique, se trouve accru d'autant; et les valeurs absolues de ϖ constatées vers le contour sont encore plus faibles que les valeurs calculées.

» La raison de ces écarts est évidemment dans l'insuffisante petitesse du paramètre $k\sqrt{b}$, qui ne justifiait pas tout à fait les simplifications auxquelles nous avons soumis l'équation différentielle (114).

» **65.** Observons à ce propos que la valeur de ι pour laquelle ϖ s'annule et, par conséquent, l'étendue de la région centrale où ϖ est négatif, grandissent lorsque $\sqrt{B}$, $\sqrt{b}$ tendent vers zéro. Car, si l'on suppose $\sqrt{B}$, $\sqrt{b}$ infiniment petits, il vient, comme on a vu, $K = 25,64$ (d'où $m = 6,41\,k\sqrt{b}$, $A = 0,5850$); et la formule (123) est remplacée, d'après (106), (113), (121) et (120), par celle-ci :

$$(124)\quad \left\{\begin{aligned} \varpi = &-c\,e^{-0,32\frac{g\sqrt{B}}{k}\frac{x}{R}} \\ &\times(1,1701 - 5\iota^{3} + 4,2733\iota^{6} - 1,5218\iota^{9} + 0,2956\iota^{12} \\ &\quad - 0,0361\iota^{15} + 0,0030\iota^{18} - 0,0002\iota^{21} + \ldots). \end{aligned}\right.$$

» Pour ι croissant de 0 à 1, la fonction de ι entre parenthèses décroît de 1,1701 à $-$ 0,8161; de sorte qu'en valeur absolue elle est seulement, sur l'axe, 1^fois^,434 (et non plus 1^fois^,773) sa valeur à la paroi. Aussi, par compensation, la racine ι qui l'annule est-elle 0,6736, c'est-à-dire un peu supérieure à 0,659 : ce qui rend la région centrale, où ϖ est négatif, égale à la fraction $0,6736^2$, ou aux 454 millièmes, de la section totale σ, au lieu de la fraction $0,659^2$, ou des 434 millièmes [1]. »

---

[1] La plus grande partie de ce Mémoire a paru en mai, juin et juillet 1897 dans les *Comptes rendus de l'Académie des Sciences de Paris* (t. CXXIV, p. 1196, 1261, 1327, 1411, 1492, et t. CXXV, p. 6, 69, 142 et 203).

ADDITION A LA NOTE DES PAGES 66 A 68.

Sur la manière d'embrasser dans une même analyse les deux cas de l'écoulement le long des tubes fins et de l'écoulement tourbillonnant.

En dehors du cas d'un régime uniforme ou, tout au plus, d'un régime *quasi uniforme* considéré seulement, comme aux notes des pages 60 et 66, dans ses circonstances à peu près indépendantes des légères variations de u_0 et de $\frac{\sigma}{\chi}$ qui peuvent s'y produire, les deux hypothèses $F = 1$, $B_0 = \infty$ deviennent insuffisantes pour rattacher, comme *cas limite*, les écoulements bien continus entre parois *mouillées*, aux écoulements tourbillonnants; car la proportionnalité admise du coefficient ε de frottement intérieur à u_0 et à $\frac{\sigma}{\chi}$ fait varier ε avec x et t. Pour embrasser dans une même analyse les deux modes d'écoulement, il convient alors d'introduire, dans les expressions de ε et du frottement extérieur F_e, un même nouveau facteur, de la forme $\left(\frac{\sigma}{\chi}\right)^m u_0^n$, où m, n sont deux exposants constants. Autrement dit, l'on posera

$$\varepsilon = \frac{\rho g}{k}\sqrt{B_0}\left(\frac{\sigma}{\chi}\right)^{1+m} u_0^{1+n}\, F\left(\frac{\chi y}{\sigma}, \frac{\chi z}{\sigma}\right), \qquad F_e = \rho g B_0 \left(\frac{\sigma}{\chi}\right)^m u_0^{2+n} f\left(\frac{\chi y}{\sigma}, \frac{\chi z}{\sigma}\right);$$

ce qui, d'une part, ne change pas l'expression du rapport $\frac{F_e}{\varepsilon}$ et, d'autre part, entraîne les deux conditions ($\varepsilon = \text{const.}$, $u_0 = 0$ caractéristiques des mouvements bien continus entre parois mouillées) quand on prend non plus $m = 0$, $n = 0$, mais bien $m = -1$, $n = -1$, en même temps que $F = 1$, $\sqrt{B_0} = \infty$, $k = \infty$.

J'avais, du reste, observé déjà, dans le Mémoire de 1878 cité plus haut, p. 20, et publié au *Journal de Mathématiques pures et appliquées* (3e série, t. IV, p. 344), après y avoir donné directement la théorie des écoulements bien continus et graduellement variés les plus simples, que cette généralisation, très naturelle pour certains modes d'écoulement intermédiaires observés dans de petites sections (p. 32 du Mémoire précédent, de 1896), ne compliquait pas notablement les formules.

Et, en effet, dans les relations (1) à (15) ci-dessus, elle n'introduit pas d'autre changement que de substituer aux deux facteurs $\frac{\sigma}{\chi}$, u_0, partout où ils figurent, $\left(\frac{\sigma}{\chi}\right)^{1+m}$ et u_0^{1+n}. Rien n'est donc changé, en particulier, aux systèmes (9), (10) déterminant F_1 et F_2, ni, par suite, à la formule de φ, donnée par (51), ni à l'expression (14) de $\mathcal{R} F_1$.

non plus qu'à celle, $\sqrt{\frac{B_0\mathfrak{M}f}{h}}$, de $\frac{U}{u_0}$ dans le régime uniforme. Mais l'équation (5) du mouvement devient

$$(5\ bis)\quad \begin{cases} B_0 u_0^{2+n}\mathfrak{M}f = \left(\frac{\sigma}{\chi}\right)^{1-m}\left(1-\frac{\mathfrak{M}u'}{g}\right), \\ \text{ou} \\ I = B_0\mathfrak{M}f\left(\frac{\chi}{\sigma}\right)^{1-m}U^{2+n}\left(\frac{u_0}{U}\right)^{2+n}+\frac{\mathfrak{M}u'}{g}. \end{cases}$$

Or la formule (15) modifiée, élevée à la puissance $-(2+n)$ et traitée comme dans le texte, fournit une expression approchée de $\left(\frac{u_0}{U}\right)^{2+n}$, et donne pour cette équation du mouvement, au lieu de (18),

$$(18\ bis)\quad I = k\left(\frac{h}{B_0\mathfrak{M}f}\right)^{\frac{n}{2}}\left(\frac{\chi}{\sigma}\right)^{1-m}U^{2+n}+\frac{1}{g}\left[\frac{2+n}{2}\frac{\mathfrak{M}(u^2)'}{U}-(1+n)\mathfrak{M}u'\right],$$

relation où les valeurs de $\mathfrak{M}u'$, $\mathfrak{M}(u^2)'$ résultent ensuite de (24). Puis, φ n'ayant pas changé, rien n'est modifié (p. 27 à 42) à la théorie du petit mouvement transversal, non plus qu'aux expressions de l'accélération longitudinale u'.

Dans l'hypothèse $n=-1$, qu'on devra faire s'il s'agit de mouvements bien continus, le dernier terme de (18 *bis*), en $\mathfrak{M}u'$, disparaît.

En même temps, cette équation (18 *bis*) devient applicable sans que l'écart ϖ du mode de distribution des vitesses soit petit devant φ, à la seule condition d'ajouter au second membre le terme $\frac{\mathfrak{M}(-\varpi u')}{g}$. Car l'équation (15) modifiée, multipliée par u_0, devient linéaire en u_0, comme l'est alors déjà (5 *bis*), et il suffit de substituer $\varphi-\varphi_0$ à $k\sqrt{\frac{h}{\mathfrak{M}f}}F_1$ (comme au bas de la page 51), pour qu'elle donne

$$\begin{cases} u_0 = U\sqrt{\frac{h}{B_0\mathfrak{M}f}}+\frac{1}{gB_0\mathfrak{M}f}\left(\frac{\sigma}{\chi}\right)^{1-m}\mathfrak{M}(\varphi u'-u') \\ \quad = U\sqrt{\frac{h}{B_0\mathfrak{M}f}}+\frac{1}{gB_0\mathfrak{M}f}\left(\frac{\sigma}{\chi}\right)^{1-m}\left[\frac{\mathfrak{M}(u^2)'}{2U}-\mathfrak{M}u'+\mathfrak{M}(-\varpi u')\right], \end{cases}$$

valeur de u_0 à porter simplement dans (5 *bis*).

Par suite, la hauteur motrice totale à dépenser pour établir le régime uniforme, dans un tuyau ou tube évasé, sera, au lieu de (92),

$$(92\ bis)\quad \begin{cases} \frac{U^2}{g}\left[\frac{1}{2}+\frac{\alpha-1}{2}+\frac{1}{U^2}\int_{x_0}^{x}\mathfrak{M}(-\varpi u')\,dx\right] \\ = \frac{U^2}{g}\left[\frac{\alpha}{2}+\frac{1}{U^2}\int_{x_0}^{x}\mathfrak{M}(-\varpi u')\,dx\right]. \end{cases}$$

Le nombre α égale 2 quand le tube est circulaire; en sorte que, si l'on néglige dans un premier calcul le petit produit $(-\varpi)u'$, cette hauteur de charge dépensée prend alors la valeur approximative simple $\frac{U^2}{g}$. Les principes exposés dans la note des pages 66 à 68 permettent d'ailleurs d'évaluer $-\varpi$ et u' en série : après quoi, une quadrature numérique, effectuée, par exemple, au moyen de la formule de Thomas Simpson, donne le dernier terme entre crochets de (92 *bis*). C'est ainsi qu'ont été obtenus les résultats résumés à la note de la page 20.

Enfin, quel que soit l'exposant n, les théories des §§ XXIII et suivants, relatives à la distribution des vitesses dans la première partie amont des tuyaux ou des tubes, subsisteront, sauf le remplacement, dans les équations (99), (102) et (108), du facteur $\frac{g}{k^2}\frac{\chi}{\sigma}$ par $\frac{g\psi_0^n U^n}{k^n}\left(\frac{\chi}{\sigma}\right)^{1-m}$, qui revient à $\frac{g U^n}{k^2(1+k\sqrt{B_0 \mathfrak{M} F_1})^n}\left(\frac{\chi}{\sigma}\right)^{1-m}$.

ERRATA.

Mettre en note au bas de la page 8, avec signe de renvoi à la deuxième ligne du n° 4, après les mots *axe hydraulique*, la phrase suivante :

J'appelle *axe du courant*, ou *axe hydraulique*, comme on verra, du reste, à la page 10, l'axe même du tuyau contenant le fluide, quand celui-ci coule le long d'un tuyau qu'il remplit, et, dans le cas contraire, d'un courant liquide limité supérieurement par une atmosphère, une ligne tracée sur la surface libre et suivant sa longueur, comme, par exemple, à égale distance des bords, ou encore suivant l'axe du tuyau dont la section comprendrait, avec celle du canal découvert considéré, sa symétrique par rapport à la coupe transversale de la surface libre.

A la page 58, après la formule (106 *bis*), ajouter :

« Il est clair que, à la limite où le nombre n des termes deviendrait infini et où la somme $\Sigma c A_2 \Omega$ serait susceptible d'exprimer la fonction arbitraire $-\varpi_1$, l'intégrale (106 *bis*) admettrait la valeur minima zéro, que donne l'égalité alors possible $\Sigma c A_2 \Omega = -\varpi$, annulant chacun de ses éléments; en sorte que la recherche de cette valeur minima fournirait les vrais coefficients c. Ainsi, ces coefficients c, si on les détermine, même quand n est fini, par la condition de rendre minimum l'intégrale (106 *bis*), doivent bien tendre vers leurs vraies valeurs limites à mesure que leur nombre n s'accroît.

TABLE DES MATIÈRES.

Pages.

GAUTHIER-VILLARS ET FILS, IMPRIMEURS-LIBRAIRES DES COMPTES RENDUS DES SÉANCES DE L'ACADÉMIE DES SCIENCES.
14963 Paris. — Quai des Grands-Augustins, 55.

BOUSSINESQ (J.), Membre de l'Institut, Professeur de Mécanique physique à la Faculté des Sciences de Paris. — **Cours d'Analyse infinitésimale**, à l'usage des personnes qui étudient cette Science en vue de ses applications mécaniques et physiques. [illegible] volumes, avec figures.

On vend séparément :

Tome I. — *Calcul différentiel.*

[illegible]

Tome II. — *Calcul intégral.*

[illegible]

BOUSSINESQ (J.), Membre de l'Institut, Professeur à la Faculté des Sciences. — **Leçons synthétiques de Mécanique générale**, servant d'introduction au Cours de Mécanique physique de la Faculté des Sciences de Paris. [illegible]

BOUSSINESQ (J.). — **Essai théorique sur l'équilibre des massifs pulvérulents, comparé à celui de massifs solides, et sur la poussée des terres sans cohésion.** In-4 de 180 pages; 1876 [illegible]

BOUSSINESQ (J.). — **Addition à une Étude concernant divers points de la Philosophie des Sciences.** [illegible]

BRESSE, Membre de l'Institut, Professeur de Mécanique à l'École des Ponts et Chaussées. — **Cours de Mécanique appliquée professé à l'École des Ponts et Chaussées.** [illegible]

On vend séparément :

Ire Partie : *Résistance des Matériaux et Stabilité des Constructions.* [illegible]

IIe Partie : *Hydraulique.* [illegible]

BRESSE. — **Cours de Mécanique et Machines professé à l'École Polytechnique.** [illegible]

Tome I : [illegible]

Tome II : [illegible]

BRISSE (Ch.). — **Cours de Mécanique** [illegible]

MASCART (E.), Membre de l'Institut, Professeur au Collège de France, Directeur du Bureau Central météorologique. — **Traité d'Optique.** 3 volumes grand in-8 avec Atlas, se vendant séparément.

Tome I : [illegible]

Tome II et Atlas : [illegible]

Tome III : [illegible]

MASCART (E.) et **JOUBERT** (J.). — **Leçons sur l'Électricité et le Magnétisme.** [illegible]

On vend séparément :

Tome I : [illegible]

Tome II : [illegible]

[illegible]

MAXWELL (James Clerk), Professeur de Physique expérimentale à l'Université de Cambridge. — **Traité de l'Électricité et du Magnétisme.** [illegible] Deux forts volumes grand in-8, avec figures et planches. [illegible]

Chaque volume se vend séparément [illegible]

WITZ (Aimé), Docteur ès Sciences, Ingénieur des Arts et Manufactures, Professeur aux Facultés catholiques de Lille. — **Cours élémentaire de manipulations de Physique**, [illegible]

WITZ (Aimé), Docteur ès Sciences, Ingénieur des Arts et Manufactures, Professeur aux Facultés catholiques de Lille. — **Cours supérieur de Manipulations de Physique**, [illegible]

[illegible] Paris. — Imprimerie GAUTHIER-VILLARS ET FILS, quai des Grands-Augustins, 55.

www.ingramcontent.com/pod-product-compliance
Ingram Content Group UK Ltd.
Pitfield, Milton Keynes, MK11 3LW, UK
UKHW022120260726
13993UKWH00003B/1125

9 782329 219516